Mosaik bei
GOLDMANN

Regina Czarnikau
Monika von Ramin

Handbuch für Chefhasserinnen

Vom richtigen Umgang
mit Cholerikern, Wichtigtuern
und anderen Egomanen

Mosaik bei
GOLDMANN

FSC

Mix
Produktgruppe aus vorbildlich
bewirtschafteten Wäldern und
anderen kontrollierten Herkünften

Zert.-Nr. SGS-COC-1940
www.fsc.org
© 1996 Forest Stewardship Council

Verlagsgruppe Random House FSC-DEU-0100
Das für dieses Buch verwendete FSC-zertifizierte Papier *Munken Print*
liefert Arctic Paper Munkedals AB, Schweden.

1. Auflage
Originalausgabe August 2008
© 2008 Wilhelm Goldmann Verlag, München,
in der Verlagsgruppe Random House GmbH
Umschlaggestaltung: Design Team München
Satz: Barbara Rabus
Druck und Bindung: GGP Media GmbH, Pößneck
CH · Herstellung: IH
Printed in Germany
ISBN 978-3-442-16971-9

www.mosaik-goldmann.de

Inhalt

Vorwort

Wir trafen uns vor 28 Jahren in einem deutschen Vorzimmer. Regina gab die höchst effiziente Sekretärin, Monika die höchst geduldige Bewerberin. Nach drei Stunden Wartezeit siegte bei Monika die Neugierde auf den bekloppten Chef, der ganz offensichtlich seine Termine nicht einhalten konnte, über den Stolz, der ihr zuflüsterte: *Geh, du hast es nicht nötig, so lange zu warten.* In der Bewerbung auf die Stellenausschreibung hatte sie geschrieben: *Zum Assistenten der Geschäftsleitung fehlen mir ein paar entscheidende Zentimeter: Ich bin eine Frau.*

Die Sekretärin hatte inzwischen die dritte Unterschriftenmappe mit Briefen und Aktennotizen bestückt, in allen möglichen Sprachen am Telefon parliert, Mitarbeiter vertröstet und eine Sandlieferung aus Sylt angenommen. Die war für die Sylter Katzen vom Chef, die ohne ihren heimischen Sand nicht gedachten, ordentlich Pipi zu machen.

Nach unendlichen Stunden fast stumm verbrachter Wartezeit gewann das Amüsement bei der Bewerberin die Oberhand. Monika fühlte sich auf diesem Sofa im Vorzimmer ein bisschen wie ein Zoo-Besucher beim Betrachten des Geheges einer seltenen Tierart.

Regina kündigte das baldige Eintreffen ihres Chefs an, indem sie völlig ungerührt bei PanAm anrief und darum bat, den Flieger nach Berlin ein paar Minuten warten zu lassen, ihr Chef käme gleich. Und das, nachdem sie ihn viermal umgebucht hatte.

Nach über zehn Stunden Wartezeit wurde die Aspirantin auf den Job als Assistentin der Geschäftsleitung zu ihrem größten Erstaunen Werbeleiterin des Unternehmens, obwohl sie von Werbung überhaupt keine Ahnung hatte. *Wer so freche Briefe schreibt, der kann auch Werbung.*

Regina ist bei diesem Chef – mit Unterbrechung – zwölf Jahre geblieben, Monika hat vier Monate bei ihm durchgestanden (im wahrsten Sinne des Wortes, denn alle Konferenzen fanden im Stehen statt, damit die Mitarbeiter nach einem 18-stündigen Arbeitstag nicht einschliefen) und fand, bereits dafür den Goldenen Lorbeer für Durchhaltevermögen verdient zu haben.

Regina ist noch heute *Executive Secretary*, wie es so schön in ihrer E-Mail-Signatur heißt. Sie liebt ihren Job, sie ist mit Leib und Seele Sekretärin. Kurz nachdem Monika von einer Werbeagentur abgeworben worden war, wurde sie deren Geschäftsführerin und damit: Chef. Auch wenn unsere Berufswege sich getrennt haben, unsere Freundschaft hält bis heute.

Wir haben unser bisheriges Arbeitsleben aus zwei unterschiedlichen Perspektiven erlebt: Regina als Kernwaffe, als gehätschelter Hausdrachen, als entnervte Leibeigene. Monika als Chefin und Beraterin vieler Unternehmensleiter, vom öffentlich-rechtlichen bis hin zu den Chefs internationaler Konzerne. Wir waren also immer ganz nah dran, an der Macht, an den Mächtigen, an den Entscheidern. Und haben so manche Lachträne gemeinsam vergossen. Über Chefs, die man wirklich nur mit Humor nehmen konnte, über die Macken der Mächtigen, über ihre Spleens und ihre Schwächen.

Irgendwann haben wir festgestellt: *So sind sie eben, die Chefs.* Das, was wir am Anfang für extreme Einzelfälle hielten, kristallisierte sich im Laufe der Jahre als Muster heraus.

Nirgendwo erfährt man mehr über die Psyche der Chefs als in ihren Vorzimmern. Wenn einer weiß, wie Chefs ticken, dann sind es die Frauen, die ihnen tagtäglich ungefiltert ausgeliefert und zum Schweigen verdammt sind. So manche Sekretärin kassiert kein Gehalt, sondern Schmerzens- oder Schweigegeld.

Nun gibt es genauso viele Typen von Chefs, wie es unterschiedliche Charaktere bei Menschen gibt – aber wenn sich Sekretärinnen aus verschiedenen Unternehmen treffen, stellen sie immer wieder fest, dass ihre Chefs sich merkwürdig ähnlich sind. So mancher Spleen scheint chefimmanent zu sein. *Genau wie meiner!* Ja, aber warum sind sie eigentlich so, unsere Chefs?

Diese Frage und die Erkenntnis, dass unser Job nicht bar einer gewissen Komik ist, hat uns auf die Idee zu diesem Buch gebracht. Millionen Frauen sitzen in ihren Büros und können ihren Frust mit niemandem teilen, ihr Seufzen hört allein der Drucker. Im eigenen Betrieb sind sie zum Schweigen verurteilt, und ihre Partner können kaum glauben, was sie ihnen da abends vom Job erzählen. Wir haben dieses Buch für all die Frauen geschrieben, die endlich auch mal wieder über ihren Chef lachen wollen. Wir haben dieses Buch für all die Sekretärinnen geschrieben, die immer noch glauben, ein besonders schlimmes Exemplar von Chef ergattert zu haben. Wir haben dieses Buch für all jene geschrieben, die gern verstehen wollen, warum ihr Chef so ist, wie er nun mal zu sein scheint. (Oder die Chefin, die sich im Übrigen kaum von den männlichen Exemplaren dieser Spezies unterscheidet. Was daran liegt, dass die Chefin sonst nicht Chef geworden wäre.)

Dieses Buch soll eine augenzwinkernde Annäherung sein an das Phänomen Chef, das wir, um uns sprachlich nicht zu verknoten, im Folgenden immer mit der männlichen Form bezeichnen und uns das *-in* im Zweifelsfall dazudenken.

Natürlich haben wir uns gefragt, ob man Chefs erziehen kann. Das kommt auf den Typ Chef an. Insbesondere bei jüngeren Exemplaren, die noch üben, lohnt sicher ein Erziehungsversuch. Die meisten sind unserer Erfahrung nach allerdings erziehungsresistent. Wer mit seinem Chef glücklich werden will, braucht sich keinen zu backen, sondern lernt, mit seinen Eigenheiten umzugehen. Deshalb geben wir lieber Tipps, wie man mit dem Wolf tanzt, ohne ständig in Tränen auszubrechen.

Im Übrigen sei ausdrücklich angemerkt, dass Chefs, nur weil sie den einen oder anderen Spleen haben, durchaus auch gute Chefs sein können. Über die man sich trotzdem ab und zu zünftig ärgern kann. (Man ärgert sich schließlich auch über seinen Ehemann, auch wenn man ihn von Herzen liebt.) Ob man einen guten Chef hatte, weiß man meist erst in der Rückschau. Jahre später. Jürgen Wohlrabe, Politiker und Filmverleiher, der Chef, bei dem wir uns kennen gelernt haben, war so einer. Ihm und allen im Grunde guten Chefs ist dieses Buch gewidmet.

Regina Czarnikau
Monika von Ramin

1. Vorzimmerblues – Unerhörtes aus dem Sekretariat

Die Frage *Was ist ein guter Chef?* ist für Sekretärinnen und Assistentinnen wirklich leicht zu beantworten. Ein guter Chef ist einer, der uns jeden Tag das Gefühl gibt, dass er uns ganz besonders schätzt. Wenn wir ehrlich sind, wollen wir, dass unser Chef weiß, dass er ohne uns einfach aufgeschmissen wäre. Je aufgeschmissener, desto besser. Und das wollen wir, verdammt noch mal, auch hören. Möglichst jeden Tag, möglichst mehrmals. Warum sonst sollten wir diesen Job auch aushalten?

Nur der Drucker hört mein Seufzen

Tatsache ist, dass der Job einer Sekretärin oder Assistentin für die meisten Menschen der blanke Horror wäre. Die Stellenbeschreibung eines Sekretariats würde sich wie die Hitliste der beliebtesten Kündigungsgründe lesen. Allerdings sind die Anforderungen an eine Sekretärin oder Assistentin nirgendwo genau beschrieben und unsere Aufgaben schon gar nicht abgegrenzt. Aber genau das gehört laut einer Markon-Führungskräftestudie zu den schlimmsten Anfechtungen für Mitarbeiter. Jeder normale Mitarbeiter strebt danach, sich über seine Position zu definieren und sich über Erfolge freuen zu können. Unsere Arbeit dagegen ist wie Abwaschen oder Saubermachen: Ist ja schön, wenn alles sauber ist, aber nach dem nächsten Essen sieht es genauso aus wie vorher.

So ein Vorzimmer ist ein Fass ohne Boden. Es gibt kaum eine Möglichkeit für uns, irgendeine Arbeit als Erfolg anzusehen und uns darüber zu freuen, schließlich wiederholen sich unsere Arbeitsabläufe regelmäßig. Und es liegt in der Natur der Sache, dass wir ständig unterbrochen werden, weil Chef natürlich immer dann Arbeit abschmeißt, wenn er gerade mal im Büro ist oder zwischen zwei Sitzungen oder zwischen zwei Flügen ein bisschen Zeit hat. Gut zu arbeiten ist bei uns die Standardanforderung, arbeiten wir schlecht, haben wir unseren Job nicht mehr lange. Für normale Arbeit aber lobt erfahrungsgemäß kein Chef.

Wir werden nur bei so wichtigen Entscheidungen wie *Passt diese Krawatte zu diesem Anzug?* um unsere Meinung gefragt, und eigentlich können wir nicht mal selbstständig ein Telefonat führen, weil es unser Job ist, die Anweisungen des Chefs auszuführen. Mit 63 Prozent der arbeitenden Bevölkerung haben wir gemein, dass wir unser Können und Wissen nicht in unserem Job einsetzen können. Was bei uns aber daran liegt, dass niemand ahnt, was wir wirklich können und wissen. Von uns verlangt kein Personalchef Teamfähigkeit, wir sollen nur einem Herrn (oder einer Herrin) dienen. Dass wir natürlich die Letzten sind, die über wesentliche Dinge informiert werden, versteht sich von selbst.

Weshalb also haben wir einen Beruf ergriffen, bei dem der Frust bereits vorprogrammiert scheint? Ganz einfach: Wir wollen gebraucht werden! Man hält diesen Job wirklich nur aus, wenn man einen Chef hat, der einem Tag für Tag das Gefühl gibt: *Ohne Sie wäre ich schlicht aufgeschmissen.* Pech nur, dass sich die Zeiten und auch die Chefs geändert haben.

Die mit dem Computer konkurrieren

81 Prozent aller Chefs können sich, laut einer Umfrage von UPS Europe Business Monitor, nicht vorstellen, auf ihren Computer zu verzichten. Logisch, wie sonst könnten sie während ihrer Arbeitszeit so anregende Websites wie www.blutjunge-luder.de besuchen oder die neuesten Sportergebnisse oder die billigsten Urlaubsflüge recherchieren. 44 Prozent schätzen den Zugriff auf E-Mails (die Hälfte, wohlbemerkt!), 42 Prozent können ohne ihr Handy wohl nicht mehr leben. Aber nur – jetzt bitte festhalten und ganz tapfer sein – 20 Prozent halten ihre Sekretärin für unentbehrlich. 20 Prozent!

Nur jeder fünfte Chef kann sich nicht vorstellen, ohne uns zu arbeiten. Unsere Chefs haben bereits ein Problem, die Stelle, die sie in ihrem Vorzimmer zu vergeben haben, in der Stellenausschreibung zu beschreiben.

Durch deutsche Vorzimmer swingt der Blues: Früher erreichte jede Sekretärin tonnenweise Werbung für Seminare mit Themen wie »Zeitmanagement«, »Wie entlaste ich meinen Chef« oder »Wie sage ich es treffender«. Schaut man heute in die Post, so flattern da fast ausschließlich Einladungen auf die Vorzimmerschreibtische zu Seminaren wie »Psychologie im Büro-Alltag«, »Wie reagiere ich, wenn…«, »Regeneration und psychische Balance« oder »Stressbewältigung«. Das zeigt deutlich, wohin der Trend geht: Know-how wird längst vorausgesetzt. Es geht ums nackte Überleben!

Die Stellenausschreibung

Anspruch...

Bei wirklich jeder Stellenausschreibung werden die gesuchten Fähigkeiten heute hochgerechnet, multipliziert, poliert und auf Goldpapier serviert. Nur uns Vorzimmerfrauen will niemand hochrechnen, was bereits zeigt, wie gering unsere Fähigkeiten geachtet sind. Während selbst bei 400-Euro-Jobs für Hausmeister detaillierte Qualifikationen wie eine abgeschlossene Ausbildung in einem Handwerksberuf mit mehrjähriger Berufspraxis, Weiterbildung zum Facility Manager mit IHK-Abschluss und eigener PKW gefordert werden, finden sich in den Stellenausschreibungen für Sekretärinnen selten definierte Qualifikationen. Außer vielleicht: *Perfekt in MS Office.* Das ist in etwa so, als ob man ein Auto mit vier Rädern sucht. Meist heißt es: *Mit allen Sekretariatsarbeiten vertraut.* In höherklassigen Anzeigen wird die *Selbstständige Leitung des Sekretariats* geboten. Das also sind wir in den Augen unserer Chefs: die Leiterinnen der Excel-Listen, die Chefinnen der Schreibtische, die Herrinnen der Drucker, die Aufseherinnen der Aktenordner, die Managerinnen der Brieföffner, die Königinnen der Kaffeemaschinen. Erstaunlich, dass man uns gerade noch zutraut, selbstständig Fotokopierpapier nachzubestellen.

Früher schmissen Sekretärinnen selbstständig den halben Laden und managten ihren Chef, niemand rümpfte die Nase ob dieser Berufsbezeichnung. Die Säulen unserer Volkswirtschaft, die kleinen und mittleren Unternehmen, wurden früher gemeinsam mit den Sekretärinnen geführt. Die Sekretärinnen waren die Einzigen, die alles im Betrieb wussten: Wo man die preiswertesten Materialien einkauft, wann Dr. Lensing Geburtstag hat und was man ihm schenken könnte, wann der Leasing-BMW zum TÜV muss, wann der Kündigungstermin für Herrn Schulze ist und wie man eine Investitionszulage ergattert.

Das Ding fing erst an, den Bach runterzugehen, nachdem man statt einer Gehaltserhöhung eine vermeintlich schönere Berufsbezeichnung bekam. Die *Chefassistentin* wurde geboren. Die hat natürlich vollkommen andere Aufgaben als der Assistent der Geschäftsleitung, der promovierter Betriebswirt oder Rechtsanwalt ist und auf dieser Position seine ersten Schritte Richtung Vorstand unternimmt.

Aber Chefassistentin hört sich besser an als Sekretärin und spart mithin Gehalt. Auch die IHK und andere berufsbildende Organisationen betätigten sich kreativ. Herauskam, was dabei immer herauskommt: eine Katastrophe. Zum Beispiel die *Kauffrau für Bürokommunikation* (früher Telefonistin, Empfangsdame, kaufmännische Angestellte), die *Teamassistentin* (was wir getrost mit Sekretärin des Abteilungsleiters übersetzen könnten), die *Projektassistentin* (auch ein schöner Ausdruck für die zeitlich befristete Mitarbeit einer ABM-Kraft), die *Assistentin für Informationsverarbeitung* (früher Stenotypistin, Datentypistin).

Die Krux fängt bereits bei der Formulierung an: Die Assistentinnen fühlten sich grundsätzlich nur noch dem verantwortlich, was sie in ihrem Namen trugen. Also der Information, dem Projekt, dem Team. Kein Wunder also, dass es mit der Wirtschaft bergab ging.

Die Assistentinnen machten sich bei ihren Chefs nicht mehr unentbehrlich, meinten, der Sache, nicht dem Menschen dienen zu müssen. Vorerst hörten sie erst mal auf, Kaffee zu kochen. Als es dem Mittelstand anfing, immer schlechter zu gehen, waren es dann genau diese Assistentinnen, die eingespart wurden.

Merke: Kaffee kochen sichert das Überleben! Jetzt kochen 35-jährige Praktikantinnen mit zwei abgeschlossenen Studiengängen in vergleichender Literaturwissenschaft und Germanistik den Kaffee umsonst, und der Chef behilft sich selbst. Heraus kommen Briefe an *Herrn Marion Schröder*. Jeder zweite Brief, den man heute im Briefkasten findet, ist an *Herrn Marion*. Und da viele Chefs nun selbst tippen, haben sie als Erstes die Kommata und dann die Blancs eingespart. Sie nennen das Rationalisierungsmaßnahmen.

Tippen kann Chef im Zweifel selbst. Wer sich wirklich unentbehrlich machen will, erbringt kleine persönliche Dienstleistungen, an die Chef sich so gewöhnt, dass er niemals wieder darauf verzichten will.

... und Wirklichkeit: Die Eier legende Wollmilchsau

Was nicht in der Stellenausschreibung steht: Wir sollen aussehen wie Julia Roberts, komplex denken können wie Stephen Hawking, ein Gedächtnis haben wie ein Elefant und schuften wie ein kaukasischer Hirtenhund. Wir sollen lügen können wie Politiker vor der Wahl, verschwiegen sein wie Minister vor dem Untersuchungsausschuss, therapieren können wie Sigmund Freud und ansonsten das Leben der heiligen Elisabeth führen.

Die traurige Wahrheit ist, der gemeine Chef sucht immer noch jemanden, der für ihn den Laden schmeißt und ihm dabei das Gefühl gibt, dass er selbst der größte Ladenschmeißer aller Zeiten ist. Er sucht jemanden, der ihn überflüssig macht. Aber das darf natürlich niemand wissen, deshalb steht es auch in keiner Stellenausschreibung.

Die Frau in seinem Vorzimmer soll die Mankos des Chefs auffüllen: Da ist Lebenserfahrung gefragt, da werden Berichte aus der normalen Welt da draußen erwartet, die vielen Chefs verborgen bleibt.

Außerdem sucht er eine Geisha, deren vordringlichster Gedanke darin besteht, ihn persönlich rundum zu pampern. Das gehört für ihn ebenso zu den Selbstverständlichkeiten seiner herausragenden Position wie der Dienstwagen und die Firmenkreditkarte mit unbegrenztem Spesenlimit. Im Prinzip sind wir seine S-Klasse!

Chefs definieren ihren Status auch über ihre Sekretärinnen. Jawohl, Sekretärinnen, oder haben Sie schon mal gehört, dass ein Chef sagt: meine Office-Managerin?

Warten Sie nicht auf Lob – die Tatsache, dass Sie für Ihren Chef überhaupt arbeiten dürfen, bedeutet für ihn die tägliche Anerkennung Ihrer Leistung.

Wie ein Schweizer Uhrwerk – präzise und leise

Chef erwartet also, im Mittelpunkt des Lebens und Denkens seiner Sekretärin zu stehen. Sein Anspruch an ihre Persönlichkeit entspricht in etwa seinem Anspruch an eine gute Uhr: Sekretärinnen haben emotionslos zu funktionieren und zu jeder Tages-

und Nachtzeit richtig zu ticken. Persönliche Befindlichkeiten sind nicht vorgesehen, weder bei der Uhr noch bei der Sekretärin. Die Uhr schickt man bei Fehlern in die Schweiz, die Sekretärin schickt man in die Wüste. Sie hat genug mit seinen persönlichen Befindlichkeiten zu tun. Wer das missachtet, der schießt seinen Chef von null auf hundert innerhalb von einer Sekunde.

Chef hat zum Beispiel den Frühflieger nach Stuttgart genommen und fühlt sich bereits auf dem Flughafen wie ein ausgesetztes Findelkind. Schnell also die Nabelschnur aufnehmen. Sobald er die handyfreie Zone verlassen hat, ist der erste Anruf in seinem Vorzimmer fällig. Wer ihn richtig ärgern will, braucht auf die hinterhältige Frage: *Gibt's was Neues?* nur zu antworten, dass etwas ganz Schlimmes passiert sei. Er wird umgehend sein Hemd wechseln müssen. Wenn man ihm dann noch ausführlich erklärt, dass und wie die eigene Oma sich den Oberschenkelhals gebrochen hat, ist der erste Wutanfall des Tages vorprogrammiert. Er will nicht wissen, wie es uns und unseren Lieben geht, sondern ob es irgendetwas Unangenehmes in der Firma gibt, das er dringend wissen müsste.

Bestens geeignet für das Auf-die-Palme-Bringen sind auch langatmige Aufwandsschilderungen (z. B. die Probleme bei der Formatierung von Serienbriefen im Allgemeinen und mit dem Parlamentarischen Staatssekretär im Besonderen) oder endloses Geschwafel, was Herr Müller gesagt und Frau Meier geantwortet hat, ohne zum Punkt zu kommen. Das steht nur Chefs zu und sonst niemandem.

Besonders wirksam auch die Behauptung: *Aber ich habe Ihnen das gesagt. Sie haben nur nicht zugehört.* Finale Zornesausbrüche stehen bevor, wenn man Sätze wie *Ich habe es genauso gemacht, wie Sie gesagt haben* von sich gibt oder ihn mit einem flapsigen *Dafür kann ich doch nichts, Sie haben doch...* auf seine eigenen Fehler aufmerksam macht. Unsere Manager machen keine Fehler. Deshalb sind sie so erfolgreich.

> **Wer vom Chef geliebt werden will,** ist präzise wie ein Schweizer Uhrwerk, erledigt seinen Job ohne Emotionen und ist im Zweifelsfall an allem schuld. Und wer dafür keinen Dank erwartet, ist perfekt.

TEST:
Mein Chef und ich – sind wir ein gutes Team?

Testen Sie, ob Sie und Ihr Chef ein unschlagbares Team sind oder ob Ihre Beziehung verbesserungsbedürftig ist. Dieser Test sagt viel über die Qualitäten Ihres Chefs aus, aber auch darüber, wie gut Sie für ihn als Sekretärin funktionieren.

Ihr Chef bittet Sie, ihm für drei Tage Flug und Hotel in Paris zu buchen.

a) Sie buchen irgendeinen Flug und ein Hotel und kümmern sich nicht weiter um die Angelegenheit.

b) Sie buchen seinen bevorzugten Platz auf einer Maschine seiner bevorzugten Airline und bringen ihn in seinem Lieblingshotel unter. Sie notieren die An- und Abfahrtszeiten, tragen diese in den Terminplan seines Fahrers ein und warten auf weitere Anweisungen.

c) Sie bringen ihn an allen seinen Lieblingsplätzen unter, setzen An- und Abfahrtszeit auf den Terminplan des Fahrers und fangen an, die Unterlagen für sein Treffen mit den französischen Geschäftspartnern vorzubereiten.

Sie legen ihm die Unterschriftenmappe vor.

a) Ihr Chef liest jeden Brief genau durch und findet einige Fehler.

b) Ihr Chef überfliegt die Post, unterschreibt und ändert in einem Brief noch mal den Text.

c) Er unterschreibt ohne Hinzugucken, während er Ihnen ein Memo diktiert.

Sie kennen die Ziele Ihres Chefs ...

a) gar nicht.

b) für das laufende Jahr.

c) für das laufende Jahr, in zwei Jahren und in fünf Jahren.

Sie lachen mit Ihrem Chef ...

a) selten, bei uns gibt es nichts zu lachen.

b) ab und zu, aber nie über ihn.

c) täglich.

d) mehrmals täglich und über die gleichen Dinge.

Ihr Chef ruft Sie zu sich. Sie denken:

a) Oh Schreck, was habe ich jetzt wieder falsch gemacht?

b) Was will er denn nun schon wieder?

c) Das wurde aber auch Zeit. Sie zücken Block und Bleistift.

Sie hören, dass Ihrem Chef der Magen knurrt.

a) Sie denken: Warum geht er nicht in die Kantine?

b) Sie holen den Keksvorrat aus dem Schrank.

c) Sie schicken die Azubine in die Kantine, um ihm was zu holen.

d) Sie gehen selbst schnell was holen bzw. bieten ihm Ihr eigenes
   Sandwich an.

**Sie wachen mit zugeschwollenem Hals und Gliederschmerzen auf.
Um 10.00 Uhr ist ein wichtiges Kundenmeeting angesetzt, für das
noch einiges vorbereitet werden muss.**

a) Sie gehen zum Arzt und lassen sich krankschreiben.

b) Sie rufen an und instruieren eine Kollegin, das Kundenmeeting vorzubereiten.

c) Sie schlucken ein Aspirin und fahren ins Büro. Sie werden sich auskurieren, wenn der Kunde wieder weg ist.

d) Sie kurieren gar nichts aus und vergessen sogar, ein Aspirin zu nehmen.

Ihr Chef hat Ihnen eine widersprüchliche Anweisung gegeben und ist in eine Mammutsitzung verschwunden.

a) Selbst schuld, denken Sie, und nicht daran, die Arbeit zu erledigen.

b) Sie schicken ihm eine SMS mit einer Frage.

c) Sie überlegen, was er gemeint haben könnte, recherchieren und entscheiden selbst, was zu tun ist.

Wenn Ihr Chef nicht da ist ...

a) freuen Sie sich, dass Sie endlich mal ein bisschen Ruhe haben.

b) erledigen Sie Liegengebliebenes und vertrösten alle anderen.

c) haben Sie doppelt so viel zu tun, weil Sie einen Teil seiner Arbeit miterledigen.

Ihr Chef ist dabei, einen lukrativen Auftrag an Land zu ziehen.

a) Das wissen Sie vom Flurfunk.

b) Er hat Sie ganz allgemein darüber informiert.

c) Er hat Ihnen erklärt, was dieser Auftrag für das Unternehmen bedeutet.

d) Er hat Ihnen erklärt, was dieser Auftrag für ihn bedeutet.

e) Er brauchte gar nichts zu erklären, Sie haben hart gemeinsam mit ihm dafür gekämpft.

Ihr Chef kommt finster blickend aus einem Meeting.

a) Sie machen mal schnell Pause.

b) Sie sind froh, dass er die Tür hinter sich schließt, und lassen ihn erst mal in Ruhe.

c) Sie fragen ihn, ob Sie ihm irgendetwas bringen dürfen und ob Sie Gespräche besser nicht durchstellen sollen.

d) Während Sie ihm einen Cappuccino bereiten und Anrufer vertrösten, erzählt er Ihnen, was schiefgelaufen ist.

Ihr Chef kommt abends von einer Geschäftsreise zurück.

a) Auf die Frage *Wie geht's?* erzählen Sie erst mal, was Sie alles für ihn erledigt haben und was in seiner Abwesenheit schiefgelaufen ist. Dann aber schnell in den Feierabend.

b) Sie haben ihm bereits am Telefon gesagt, was noch alles zu tun ist, und informieren ihn sofort über Anrufer, denn eigentlich haben Sie ja Feierabend.

c) Sein Schreibtisch ist vollgepackt mit Unterschriftenmappen und Rückrufbitten-Listen, damit er sieht, wie fleißig Sie waren. Auf in den Feierabend!

d) Er muss ja nicht gleich einen Schreck kriegen. Erst mal ein bisschen Smalltalk, nach seinen Wünschen fragen, und wenn er dann noch Lust auf Arbeit hat, das Wichtigste vom eigenen Schreibtisch holen. Morgen ist auch noch ein Tag.

Ihr Chef wechselt zu einer anderen Firma. Sie denken:

a) Beim nächsten Chef wird alles besser!

b) So eine Napfsülze. Lässt mich hier einfach alleine.

c) Super. Mal sehen, wann er mich nachholt.

Ihr Chef...

a) hat eigentlich immer was zu meckern.

b) lobt Sie ab und zu.

c) zeigt immer, wie sehr er Sie und Ihre Arbeit schätzt.

d) bedankt sich häufig für kleine Extras, die er nicht als Selbstverständlichkeit ansieht.

e) sorgt dafür, dass Sie ab und zu ein Incentive bekommen.

Ihr Chef...

a) hat keine Ahnung, wie Sie außerhalb des Büros leben.

b) fragt, ob das Wochenende oder der Urlaub schön war.

c) kennt ungefähr Ihre privaten Verhältnisse und fragt schon mal nach.

d) ist ziemlich auf dem Laufenden, was Sie privat machen, und erkundigt sich regelmäßig nach dem Befinden.

e) nimmt Rücksicht auf Ihre privaten Verhältnisse und kalkuliert diese auch bei anfallenden Überstunden ein.

Ihr Chef ist Ihnen gegenüber...

a) oft ungerecht.

b) oft ungeduldig.

c) oft freundlich.

d) immer gleichbleibend freundlich.

Sie halten Ihren Chef ...

a) für unfähig.

b) für ständig angespannt.

c) für stark beansprucht.

(d) für kompetent.

e) für genial.

Punkteverteilung für die Auswertung:

Für jede a)-Antwort erhalten Sie 1 Punkt,

für jede b)-Antwort erhalten Sie 2 Punkte,

für jede c)-Antwort erhalten Sie 3 Punkte,

für jede d)-Antwort erhalten Sie 4 Punkte,

für jede e)-Antwort erhalten Sie 5 Punkte.

Die Auswertung

17–30 Punkte: Von einem Team kann man bei Ihnen und Ihrem Chef nicht reden, es sei denn, Sie halten Tom und Jerry für ein Team. Sie spielen Katz und Maus miteinander. Ihr Chef versucht, Sie unter Kontrolle zu kriegen, und Sie entziehen sich ihm. Er hat keine Ahnung, wie er Sie motivieren soll, und Sie haben null Bock auf ihn, den ganzen Laden und wahrscheinlich auch auf den Beruf der Sekretärin. Wie wär's, wenn Sie sich nach was anderem umschauen würden, denn so, wie es jetzt läuft, läuft es für Sie beide schief. Das Problem Ihres Chefs: Er kann nicht führen. Ihr Problem: Sie wollen nicht dienen. Also auf ins Kaufhaus des Lebens, das bestimmt einen anderen

Platz für Sie auf Lager hat. Es muss ja nicht in der Dienstleistungsetage sein, wo nur Dienen und Leisten gefragt ist. Wer dazu nicht bereit ist, ist bei anderen Beschäftigungen besser aufgehoben.

31–51 Punkte: Hallo, liebe Leserin, für Sie wurde dieses Buch geschrieben. In Ihrer Beziehung zum Chef ist noch eine Menge Musik drin. Es ist zu vermuten, dass Sie noch am Anfang Ihrer Karriere stehen, und das Gleiche gilt offenbar für Ihren Chef. Sie machen beide einiges schon ganz richtig, aber es geht noch viel besser. Wunderbare Voraussetzungen, sich gegenseitig zu erziehen. Bei Ihnen beiden hapert es noch ein bisschen an der Empathie, das heißt, Sie können sich noch nicht so richtig ineinander hineinversetzen. Da hilft nur eins: Reden Sie mehr miteinander. Fragen Sie ihn, was Sie aus seiner Sicht an Ihrer Zusammenarbeit verbessern könnten. Und sagen Sie ihm, dass Sie ab und zu das Gefühl haben, dass Ihre Arbeit nicht so respektiert wird, wie Sie es sich wünschen. Ab und an ein kleiner Fingerzeig, und aus Ihnen beiden kann ein wahrhaft unschlagbares Team werden.

52–60 Punkte: Wunderbar, bei Ihnen flutscht es mit der Zusammenarbeit. Entweder Ihr Chef ist ein geborener oder ein alter Hase, der weiß, in welche Richtung er hoppeln muss, um Sie für ihn einzunehmen. Und er gibt sich Mühe, kein Wunder, denn Sie tun wirklich alles, um ihn zu entlasten. Klar ärgern Sie sich auch mal übereinander, das ist im Büro nicht anders als in einer guten Ehe. Aber eigentlich wissen Sie, was Sie aneinander haben, und das macht Ihre Zusammenarbeit so vertrauensvoll.

Ab 61 Punkte: Was für ein überirdisches Ergebnis. Sind Sie sicher, dass Sie kein Engel sind, der das Vorzimmer des lieben Gottes persönlich bewacht? Wenn Sie sich wirklich nicht verzählt haben, dann sollten Sie ihn heiraten oder mit ihm ein Unternehmen gründen. Das ist Liebe pur.

2. Genau wie meiner! –
Der ganz normale Wahnsinn

Egal ob Vorstandsvorsitzender oder Geschäftsführer, Abteilungsleiter oder Arzt – in welches Vorzimmer man auch guckt, Chefs
scheinen alle die gleichen schlechten Angewohnheiten zu haben.
Der ganz normale Wahnsinn ist unser tägliches Brot.

asap: Das Dringlichkeitsphänomen

Wie schnell ist schnell genug? Man muss nicht unbedingt einen
Crash-Kurs in irgendeiner superteuren Time-Management-Schule
besucht haben, um zu wissen, dass es A-, B-, C- und *»ferner-liefen«*-Kategorien gibt, in die man die Prioritäten der Aufgaben ein-
ordnen sollte. Die Festlegung der Prioritäten unserer Arbeitsauf-
gaben obliegt unseren Chefs. Und die kennen keine B-, C- und
»ferner-liefen«-Kategorien. Sie kennen nur ein A bzw. eigentlich
nur AA mit Ausrufezeichen. Alles ist dringend, Erledigungster-
min asap. Und asap heißt heute nicht mehr *as soon as possible*,
sondern gestern! Warum aber haben unsere Chefs es so eilig?

Nun mag man auf den ersten Blick vermuten, dass Chef einfach unfähig ist, für sich selbst Prioritäten zu setzen. Obwohl das
in vielen Fällen zutrifft, ist das immer noch keine ausreichende
Erklärung, warum wir ständig das Gefühl haben, dass uns irgend-
wer mit einer Reitpeitsche antreibt. Oder müssen wir etwa für alle
Aufgaben, die Chef verbaselt hat, den Kopf hinhalten? Na klar

doch! Was sonst? Und nicht nur für die, die unser direkter Chef verbaselt hat. Der hat ja meist auch noch einen Chef und so weiter. Nur den Letzten beißen die Hunde!

Der wirkliche Grund, warum Chefs mit der Prioritätensetzung Probleme haben, ist, dass sie vor sich selbst zugeben müssten, dass irgendeine Anweisung, die sie geben, weniger wichtig, weniger bedeutsam ist. Denn Chefs definieren sich nun mal durch die eigene Bedeutsamkeit, die eigene Wichtigkeit. Und so mutieren selbst Büro-Inventar-Listen zur AA!-Aufgabe. Oder können Sie sich einen Chef vorstellen, der morgens zu Ihnen sagt: *Heute können Sie mal alle fünf gerade sein lassen, wir haben heute nur Unwichtiges zu tun.* Oder gar: *Prima, heute liegt nichts Dringendes an, wir können also mal ganz in Ruhe alles Liegengebliebene aufarbeiten.* Das käme ja einem Offenbarungseid nahe.

Hinzu kommt: Und sie wissen nicht, was wir tun. Was im Übrigen nichts mit mangelnder Empathie zu tun hat. Chefs haben nämlich im Allgemeinen überhaupt keine Vorstellung, wie lange wir zum Beispiel brauchen, um einen Brief zu schreiben. Warum sollten sie auch. Denn wenn wir ehrlich sind, können auch wir das nicht mal annähernd vorhersagen, weil wir eben immer mal einen Druckerstau, auszuwechselnde Tonerpatronen, Computerabstürze, achtzehn dazwischenfunkende Telefonate mit sofortigem Handlungsbedarf oder eine Kollegin mit Schwatzbedürfnis (schlimmer noch: Chef, denn den kann man nicht so leicht hinauskomplimentieren) einkalkulieren müssen.

Die einzige Möglichkeit, die wir theoretisch hätten, unseren Chefs ein Gefühl dafür zu geben, wie fleißig wir tatsächlich sind, ist eine regelmäßige Aufwandsschilderung. Die ist aber so ziemlich das Letzte, was Chef hören will. Wenn wir also wollen, dass Chef uns auch weiterhin wirklich zuhört (die Betonung liegt auf wirklich), dann verkneifen wir uns jede Art von Aufwandsschilderung und setzen unsere eigenen Prioritäten. Denn auch die Aufwandsschilderung würde unsere Chefs auf Dauer nicht davon abhalten, alles sofort bzw. gestern erledigt haben zu wollen. Und hier kommen wir zu den tiefer liegenden Ursachen für die cheffige Eile.

Meine Arbeit, seine Arbeit

Die vornehmste Aufgabe des gemeinen Chefs ist das Verteilen von Arbeit an Mitarbeiter. Das ist seine Arbeit, dafür wird Chef meist auch fürstlich entlohnt. Das heißt, Chef kommt morgens in die Firma und denkt, ich muss heute das und das erledigen. Erledigen heißt für ihn: delegieren. Sobald Chef eine Aufgabe delegiert hat, ist sie für ihn erledigt. Denn für die Erledigung hat der Häuptling seine Indianer. Die Aufgabe ist mithin komplett raus aus seinem Kopf, in dem sich alsbald jene wohlige Leere einstellt, die man im Allgemeinen nach harter, rechtschaffender Arbeit fühlt. Seine Arbeit ist ja getan.

Wieso, fragt Chef einen Lieferanten drei Minuten nach dem Diktat ganz erstaunt ob dessen Unwissenheit, *ich habe Ihnen doch einen Brief geschrieben.*

Neben der Delegation obliegt dem Chef natürlich auch die Kontrolle der geleisteten Arbeit. Da Chefs absolut ergebnisorientiert denken, wollen sie natürlich sofort das Ergebnis ihrer Arbeit (wohlgemerkt: nicht unserer) sehen. Aber flott. Oder wie heißt das kleine Wörtchen mit den zwei t?

Was also tun, um irgendwann einmal auch eine Aufgabe in Ruhe zu erledigen? Bei besonders hartnäckigen Fällen hilft nur

eins: den Spieß umdrehen. Chef beschäftigen. Chef unter Zeitdruck setzen. Das ist ja wohl eine unserer leichtesten Übungen.
Man nehme: einen Block mit diesen neonfarben leuchtenden
Selbsthaftzetteln. Und dann höre man umgehend auf, unwichtige
Anrufer und Besucher abzuwimmeln. Jeder, aber wirklich jeder,
der etwas vom Chef will, wird wohlwollend auf einem dieser herrlich aufdringlichen Zettel verewigt. Rückruf Müller, Termin
Schmidt. Selbstredend in Großbuchstaben mit Ausrufezeichen
versehen. Und dem Zusatz: Dringend! Und damit pappen wir
ihm den Schreibtisch voll. Ein optischer Supergau. Aber wer nicht
hören will, muss fühlen. Klar wird Chef sich beschweren, was das
denn soll. Wenn man sonst ein gutes Verhältnis zum Chef hat, ist
das dann ein guter Anlass, ihn darauf hinzuweisen, dass das mit
den unterschiedlichen Prioritäten unsere Arbeit wesentlich er-
leichtern würde. Jetzt hat er es nicht nur theoretisch gehört, er hat
es am eigenen Leib erfahren und wird in Zukunft vielleicht ein
wenig besonnener ans Werk gehen.

Außerdem hat Chef ganz sicher gemerkt, wie es wäre, wenn
seine Sekretärin nicht täglich für ihn die Prioritäten setzen würde.
Zumindest bei jungen Chefs könnte diese Methode nachhaltig
helfen, bei allen anderen verschafft sie zumindest eine Atem-
pause.

Zeigen statt lamentieren: Mittels optischem Supergau auf
seinem Schreibtisch kann man die Nützlichkeit von Priorität-
ten begreifbar machen. Post it.

Wo bleibt denn das so lange?

Unsere Chefs haben wirklich keine Ahnung, womit wir täglich unsere Zeit verplempern. Das Problem mit moderner Bürotechnik ist, dass unsere Arbeitsgeräte nicht von denen erfunden werden, die sie benutzen. Oder würde eine Sekretärin eine Büromaschine konstruieren, für die man 700 Seiten Gebrauchsanweisung braucht? (Chef würde dazu sagen: *Weil wir dann auf dem technischen Stand der guten alten Gabriele stehen geblieben wären.*) Warum überlässt man nicht einer leidgeprüften Sekretärin die Entscheidung über Anschaffung neuer Büro-Hard- und Software? Oder lässt diese wenigstens von uns testen? Stattdessen entscheiden Menschen über die Neuanschaffung von Technik, die bereits mit der Bedienung ihres Telefons überfordert sind, und wir reden hier nicht von einem neuen Handy.

Natürlich streikt der Fotokopierer abends um neun, wenn die Haustechnik bereits Feierabend hat. Der Drucker druckt nur Müll, wenn in drei Minuten die Agenda in vierzigfacher Ausfertigung auf dem Tisch liegen muss. Der Computer startet grundsätzlich dann nicht, wenn der Obermohr auf seine PowerPoint-Charts wartet.

Der Chef ist hilflos, klar, er ist gerade mal in der Lage, auf einen Knopf zu drücken und eine einfache E-Mail abzusetzen. Für den Rest sind wir zuständig.

Ältere Sekretärinnen schließen in diesen Minuten die Augen und träumen von der guten alten Kugelkopf. Jüngere weinen Windows 98 hinterher oder sehnen sich nach einem Mac.

Wir arbeiten mit benutzerfreundlichen Computerprogrammen, die für Computerspiele, das Herunterladen von Musik und das Archivieren von Fotos erfunden wurden. Dafür werden so einfache Dinge wie das Aufspüren von Word-Dokumenten zu einer echten Herausforderung. Der Computer denkt einfach nicht so wie wir. Wir sind gezwungen, die Programme auszutricksen, um richtig arbeiten zu können. Täglich wühlen wir uns tapfer durch *C:\Dokumente und Einstellungen\Vorzimmer Schmidt\Gemeinsame Dokumente\Schriftverkehr\Firma Klug\Peter Oberklug\Grobe Antwort*, wobei in der Suchmaske nur das erste Drittel des Dateinamens Platz hat, und der ist immer der gleiche. Zur Krönung fragt uns dann noch so eine blöde Büroklammer, ob wir versuchen, einen Brief zu schreiben. *Mensch, ich versuche nicht, einen Brief zu schreiben, du Idiot!* Quatschende Büroklammern sind wirklich das Letzte!

Haben Sie mal versucht, *Mfg* auf Ihrem Computer zu schreiben? Plötzlich und unerwartet steht da: Mit freundlichen Grüßen. Die Autorin musste ganz schön tricksen, um die drei Buchstaben ohne Ergänzung in das Manuskript zu bekommen. Diese quatschende Büroklammer will uns ständig bevormunden! Dabei ist das Autoformat von Mfg noch harmlos. Datum und Ort im DIN-Format? Die Büroklammer krümmt sich vor Bauchschmerzen und macht einen netten Vorschlag. Ist ja egal, wir haben ja Zeit, den netten Vorschlag zu löschen. *Wo bleibt denn das so lange?*

Oder nehmen wir den automatischen Wortfinder für Englisch. Klasse Idee. Fand auch der Chef, dem ab und zu mal die englischen Worte fehlen. Allerdings ändert dieser Wortfinder auch deutsche Wörter. Man schreibt *lesen*, und schon steht da: *lesson*. Man schreibt *bekomme* und zack, erscheint: *become*. Man könnte glatt in die Tischkante beißen vor Wut. Also ran ans Programm und das versteckte Kästchen suchen, das man nur deaktivieren muss, um den teuer bezahlten Wortfinder k.o. zu schlagen. Aber dazu haben wir keine Zeit, denn der Chef braucht asap eine Liste.

Geben Sie Ihrem Computer einen Namen. Es ist etwas anderes, wenn man Chef sagt, dass »Fritzchen« Schluckauf hat, als wenn man versucht, die Problematik beim Zusammenführen von Serienbriefen an sich oder die Excel-Eigenheiten im Besonderen zu erklären. Schluckauf kennt sogar Chef, und so kommt er nicht auf die Idee, dass mangelnde Programmbeherrschung schuld an der Verzögerung sein könnte.

Dafür sind wir bei den Einladungen zum Neujahrsempfang den Tränen nah, wenn wir sie zum vierten Mal als Serienbrief verbinden und schon wieder zwischen Herrn und Meyer-Bär drei Blancs zu viel sind, weil Herr Meyer-Bär zu blöd war, seinen Doktor zu bauen. Wir haben jede wenn-dann-sonst-Regel angewendet, derer wir mächtig sind, aber bei Herrn Meyer-Bär streikt das Programm. Selbstverständlich würde es schneller gehen, Herrn Meyer-Bär eine handgefertigte Einladung außerhalb der Serie zu schicken, aber schließlich haben wir auch unseren Stolz. Wir werden Herrn Meyer-Bär für den Rest unseres Lebens für diese Sonderbehandlung hassen, genauso wie *Herrn Prof. Dr. Reinhard-Friedrich von Klostergarten-Schamlos genannt Schmidt, Parlamentarischer Staatssekretär beim Ministerium für wirtschaftliche Zusammenarbeit und Entwicklung*, weil der – auch ohne überflüssige Blancs – jedes Kuvertfenster sprengt. Und natürlich erst recht jegliches Format von Namensschildern.

Besonders ans Herz gewachsen ist uns auch dieses wundervolle Excel-Programm, das den Tischrechner überflüssig macht. Selbst ausgeglichene Gemüter kriegen regelmäßig Schreikrämpfe, wenn sie mit drei verschiedenen Tabellen in einer Arbeitsmappe arbeiten müssen. Mal schnell in Tabelle zwei überprüfen, ob die Septemberzahl stimmt, und ups, die ganze Arbeit an Tabelle eins ist weg. Futsch. Verschwunden im Nirwana. Selbst schuld, man hätte ja zwischenspeichern können. Hätte, aber wer speichert schon alle zehn Minuten. Dabei weiß man doch, dass man bei Excel...

Haben Sie irgendein Problem? Nö, Chef.

Das Bermuda-Dreieck

Sie stehen vor seinem Schreibtisch und sagen: *Das sind die dringend benötigten Unterlagen für das Meeting am Montag. Wo soll ich Ihnen die hinlegen?* Während er mit gekräuselter Stirn vor den neuen Umsatzstatistiken sitzt und in Gedanken bei seiner Jahresendgratifikation ist, murmelt er *Legen Sie's einfach hin.* Wehe, Sie tun es. Die dringend benötigten Unterlagen werden unter Garantie zwischen den Umsatzstatistiken auf Nimmerwiedersehen verschwinden.

Der einzige Ausweg aus dieser Situation ist wiederum die richtige Interpretation seiner Anweisung. Und die lautet ja mitnichten, dass die Unterlagen auf den Schreibtisch gelegt werden sollen, sondern dass sie so hingelegt werden sollen, dass selbst der verblödetste Idiot beim Rausgehen darüber stolpern muss. Am besten noch mit einem großen Zettel mit rotem Pfeil und drei Ausrufezeichen versehen.

So sicher, wie jede Ampel auf rot springt, wenn man es eilig hat, so sicher verschwinden wie durch Zauberhand alle Schriftstücke, die jemals das Licht seiner Schreibtischlampe erblickt haben. Versierte Sekretärinnen behandeln ihre Chefs grundsätzlich wie Volltrottel und machen von allem eine Sicherungskopie, die sie in ihrem eigenen Büro aufbewahren.

Warnung: Geben Sie niemals Ihrem Chef etwas mit auf den Weg, weil er sowieso zu Firma X fährt, die dringend auf ein bestimmtes überformatiges Schriftstück wartet. Das dringend erwartetet überformatige Schriftstück, das er im Vorzimmer abgeben könnte, wird für immer verschollen bleiben. Sie können jedem Kurierdienst vertrauen, aber diesbezüglich niemals Ihrem Chef!

> **Nur das auf seinen Schreibtisch legen,** was man sowieso nie wieder braucht. Sicherungskopien sind lebensrettend.

Verschollen in der Wiedervorlage

Der Weg zum Grab einer Sekretärin ist gepflastert mit Wiedervorlagen. Dort verschwindet alles, was er nicht entscheiden will. Oder kann. Oder beides. Auf jeden Fall bedeutet Wiedervorlage für ihn einen Aufschub, eine Denkpause. Meist bedeutet es: Aus den Augen, aus dem Sinn. Da lauern die Bewirtungsquittungen zum Ausfüllen der bewirteten Gäste, nach denen die Buchhaltung bereits seit Wochen schreit *(Denken Sie sich was aus.)*, da setzt alles, was in irgendeiner Weise unangenehm ist, Schimmel an. Will man ihn richtig wütend machen, kommt man mit der Wiedervorlagemappe.

Boshafte Sekretärinnen tun das vorzugsweise am Freitagmittag. Oder wie soll man es sonst erklären, dass Mahnschreiben, böse Briefe und anderer Unbill grundsätzlich am Montagmorgen mit der Post kommen?

Ganz sicher aber lauert in der Wiedervorlage alles das, was er irgendwann ganz dringend suchen wird. Und was somit ganz sicher nicht da abgelegt ist, wo eine ordentliche Sekretärin etwas ablegen würde. Also wird er prompt behaupten, dass ihre Ablage ein einziger Saustall sei. Weil er natürlich den Vorgang genau dann braucht, wenn sie das einzige Mal im Jahr beim Zahnarzt ist.

Jedem seine Dreckecke. Am besten eine Terminmappe anlegen, in die die ungeliebten Dinge nach Tagen einsortiert werden, so dass man es Chef häppchenweise servieren kann. Spart Nerven, vor allem am Freitagmittag.

Freitagnachmittag

Während Sekretärinnen ihre Wochenenden nur kurzfristig und unter Vorbehalt planen können, planen Chefs ihre Wochenendarbeit langfristig und nachhaltig. Konferenzen, Seminare, Kundenmeetings, Geschäftsreisen, Kreativ- oder Strategiesitzungen werden vorzugsweise auf den Freitagvormittag gelegt. Am liebsten werden solche Zusammenkünfte (um den Kopf freizumachen) in ein lauschiges Schlosshotel am See verlegt. Das hat zum einen den Vorteil, dass sie nicht so lange dauern, da alle Teilnehmer spätestens um zwei Uhr das Wochenende einläuten wollen, und zum anderen den schönen Nebeneffekt, dass man, wenn man schon mal da ist, gleich noch ein Wochenende mit Frau, Freundin oder Familie anhängen kann.

Das gesamte Hotel- und Transportmanagement obliegt selbstverständlich den Sekretärinnen, die sich natürlich auch um die Abschlagzeit auf dem nächsten Golfplatz, um die Dinnerreservierung in dem sagenhaften Landgasthaus und um die Massage- und Kosmetiktermine der werten Gattin zu kümmern haben.

Das wäre nicht so schlimm, würde Chef nicht am Montagmorgen über die sinnlose Laberei und das durchgearbeitete Wochenende stöhnen, während er ihr die Quittungen auf den Tisch wirft und kreative Buchhaltung erwartet.

Auch letzte Arbeitstage vor langen Feiertagswochenenden sind besonders beliebt für Außerhausmeetings. Leider ist noch nie ein Chef samt Ehefrau von seiner Sekretärin in der Metro oder im Kaufhaus erwischt worden, da Sekretärinnen ja im Büro die Stellung halten müssen. Aber es wurde schon vielfach von zufälligen Treffen einiger höchstbezahlter Topmanager nebst Gattinnen zwischen Rotkohlkonserven und Tütensuppen am Freitagnachmittag berichtet.

Bevor Chef in sein langes Wochenende geht, muss er aber erst sein Gewissen beruhigen, indem er seine Sekretärin mit all der Arbeit zuknallt, die seit Wochen in seinem Eingangskorb dümpelt.

Eine Menge Mitarbeiter liebäugeln mit der Idee, den Freitagnachmittag für Gehalts- bzw. Beförderungsgespräche zu nutzen. Der Grundgedanke, der dahintersteckt: Wenn der Chef nicht so will wie ich, kann ich sofort ins Wochenende verschwinden und meine Wunden lecken. Was Mitarbeiter dabei nicht beachten: Auch der Chef hat dieses Hintertürchen, und seine Neigung *Nein* zu sagen ist mithin größer. Ein Vorsprechen an einem anderen

Morgen, dann, wenn es weder für den Chef noch für den Mitarbeiter irgendein Entkommen gibt, wäre psychologisch günstiger. Der Chef wird eher einer Gehaltserhöhung zustimmen, vielleicht nur einer kleinen, aber sein Bedürfnis nach Ruhe und Harmonie dürfte siegen.

Wer zuerst mit der Arbeit kommt, bestimmt, was gearbeitet wird. »Sie dürfen aber nicht gehen, ohne...« ist ein wunderbarer Einstiegssatz, um ihn das Fürchten zu lehren.
Gehaltsverhandlungen sollten niemals Freitagnachmittag geführt werden, da Chef aus dem unangenehmen Gespräch ins Wochenende entschlüpfen kann.

Montagmorgen

Der Montagmorgen ist für Sekretärinnen noch schlimmer als der Freitagnachmittag. Denn erstens landet alles das auf unserem Tisch, was die Chefs anderer Sekretärinnen am Freitag zur Gewissensberuhigung noch rausgeschossen haben, und zweitens ist er schlecht gelaunt. Nicht nur, weil er wieder arbeiten muss, sondern weil das Wochenende seinen Mitarbeitern, Kollegen und Vorgesetzten Zeit gegeben hat, ein wenig nachzudenken.

Natürlich hat auch der Chef nachgedacht, und ihm ist aufgefallen, dass da irgendetwas in seinem Magen grummelt. Wenn ein Mitarbeiter Montagmorgen einen Anruf aus dem Chefsekretariat bekommt, dann ist im Allgemeinen Ärger im Anzug. Bittet ein Mitarbeiter um einen Termin, dann ebenfalls. Denn nur Mitarbeiter, die kündigen wollen, kommen am Montag, wer mehr Geld oder eine bessere Position will, kommt, wie wir bereits gesehen haben, am Freitagmittag damit an. Unerfreuliche Personalgespräche erfolgen grundsätzlich montags. Wer nicht will, dass Chef komplett durchdreht, macht niemals an einem Montagmorgen einen Termin mit dem Heizungsableser, Zahnarzt oder Waschmaschinenreparateur. Es steht zu befürchten, dass Chef die Abwesenheit nachhaltig übel nimmt, da er sich fühlt wie ein im Regen ausgesetztes Kind.

Denn nichts ist Chefs mehr zuwider als Mitarbeiterprobleme. Eine heulende Buchhalterin fordert ihn stärker als die Bilanzpressekonferenz. Da Chef niemals zeigen darf, wie ihm die Tränen von Frau Müller an die Nieren gehen, reagiert er mit eiskalter Distanz, die jede Sekretärin noch im Vorzimmer frösteln lässt.

> **Montagmorgen** ist die Zeit der schlechten Nachrichten. Wer nicht riskieren will, dass Chef sich total alleingelassen fühlt, nimmt an diesem Morgen keine anderen Termine wahr.

Plötzlich und unerwartet

Dass Chefs kein Zeitgefühl haben, blind, gänzlich ohne Empathie und im Übrigen auch taub sind, beweisen sie uns Jahr für Jahr zu Weihnachten. Trotz Kampfillumination in den Fenstern, trotz Power-Xmas-Gedudel auf allen Sendern, trotz Plätzchenalarm zu Hause und Adventskranz auf seinem Schreibtisch: Chef hat trotzdem nicht gemerkt, dass es weihnachtet. Plötzlich und unerwartet kommt der vierte Advent und mit ihm die große Panik. Himmel, nächste Woche ist Weihnachten! *Warum haben Sie mir das nicht gesagt?*

Seit Mitte Oktober haben Sie ihm regelmäßig witzige Vorschläge für Kundenpräsente in die Post gelegt. Seit Ende Oktober versuchen Sie, mit ihm einen Termin und einen Ort für die jährliche Weihnachtsfeier zu finden. Anfang November haben Sie ihm einfach einen Termin in seinen Kalender gesetzt und eine Location gebucht, nachdem er irgendwann entnervt gemurmelt hat, dass Sie das schon richtig machen werden.

Sie haben hübsche Weihnachtskarten mit seinem Faksimile drucken lassen und verschickt, das Korrekturexemplar hat er sich nicht mal angeguckt. Nur mit den persönlichen Kundenpräsenten und den zwanzig handgeschriebenen Weihnachtsgrüßen sind Sie nicht weitergekommen, weil Sie ihn dazu natürlich brauchen.

Dass nächste Woche Weihnachten ist, hat er eigentlich auch eher durch Zufall gemerkt, als er Ihnen zurief, dass Sie am 24. Dezember um 18.00 Uhr ein Meeting im kleinen Konferenzraum einberufen sollen. Auf ihre standhafte Weigerung, den Termin anzuberaumen, wurde er fast wütend. *Da ist Heiligabend*, haben Sie gesagt, und er hat erstaunt geguckt. *Ach, fällt das diesmal auf den 24.? WAS? WEIHNACHTEN?*

Die einsetzende Panik ist nur mit den Tagen vor der Aktionärsversammlung oder einer großen Steuerprüfung zu vergleichen. Er hat ungläubig in seinen Kalender geguckt und nachgezählt. Es bleiben ganze sieben Arbeitstage bis Neujahr. Eigentlich. Uneigentlich bleiben genau noch vier, denn Sie haben die Frechheit besessen, an den drei Tagen zwischen Weihnachten und Neujahr Ihren Jahresurlaub zu nehmen. Er hat diesen Urlaub bereits am 18. August, um 15.42 Uhr, genehmigt und am 18. August, um

15.43 Uhr, vergessen. Sie weisen ihn also darauf hin, genauso wie Sie das in den vergangenen vier Wochen fast täglich getan haben. Diesmal aber finden Sie Gehör. Und wie. *Das geht nicht. Canceln Sie den Urlaub! Wie soll ich das schaffen?* Wenn er es das ganze Jahr über nicht geschafft haben sollte, Sie wütend zu machen, jetzt ist es so weit. Eiskalt lächelnd schütteln Sie den Kopf und sagen: *Sorry, geht nicht* und verlassen den Raum.

Und dann folgt das Gleiche wie jedes Jahr. Sie rufen bei dieser tollen Firma an, die bis zur letzten Minute Präsente mit Ihrem Firmenlogo versieht (weil diese tolle Firma nämlich 90 Prozent ihres Jahresumsatzes in den vier letzten Tagen vor Weihnachten macht), Chef ringt sich bis kurz nach Mitternacht persönliche Zeilen ab und appliziert diese mittels Füllfederhalter auf weißes Bütten. Die Listen, wer was bekommt, haben Sie natürlich auf Knopfdruck bereit, ebenso die Listen, was alles noch vor Jahresende aus steuerlichen Gründen gekauft werden muss.

Wenn Sie jetzt nicht Ihren Jahresurlaub zwischen Weihnachten und Neujahr genommen haben, sondern sowieso arbeiten müssen, und auch Ihr Chef nicht Richtung Bahamas unterwegs ist, dann retten Sie ihm doch Weihnachten: Schlagen Sie einfach vor, die wichtigsten Kunden nicht mit Weihnachtspräsenten und -wünschen, sondern mit einer kleinen Aufmerksamkeit zu Beginn des neuen Geschäftsjahres zu bedenken. Das hat vor allem den Vorteil, dass die Glückwünsche wieder auffallen, das Präsent nicht in den Julklapp für die Weihnachtsfeier kommt und Sie die öden Tage zwischen Heiligabend und Silvester echt sinnvoll verbringen können. Sollten Sie zwischen Weihnachten und Neujahr beide nicht da sein, dann reicht es für Gutes-neues-Jahr-Wünsche auch, diese Mitte Januar vom Stapel zu lassen.

Ende Dezember jedenfalls sind Sie vollauf damit beschäftigt, die Weihnachtsgeschenke für seine Familie mittels Herumtelefonieren und Fahrer-Hinschicken zu besorgen. Und dann ist da noch diese schreckliche Weihnachtsfeier, vor der sich alle jedes Jahr aufs Neue graulen, die Sie nach besten Kräften organisiert haben.

Weihnachtsfeiern sind in kleineren Unternehmen oder auf Abteilungsebene, wo jeder jeden sowieso kennt, die größte Geldverschwendung aller Zeiten. Alle haben keine Lust. Die meisten sind müde vom Vorweihnachtsstress, kaum einer kann Glühwein, Pfefferkuchen und Gans überhaupt noch riechen, und eigentlich sehnt sich jeder nach einem kuscheligen Abend zu Hause. Je überschaubarer die Anzahl der Feiernden, desto haariger wird die Angelegenheit. Im Übrigen unterscheiden sich dabei Chefs und Mitarbeiter so gut wie gar nicht. Jeder weiß oder denkt zumindest, dass er unter Beobachtung steht, entsprechend verkrampft sind solche Weihnachtsfeiern meistens. Also nicht zu viel trinken, nicht zu viel essen, nicht zu viel reden. Aber über was überhaupt reden? Sich hervortun oder lieber schweigen? Also reden zunächst mal alle über die Weihnachtsfeier an sich. Über das Lokal oder die Location, über das angebotene Menü bzw. Büfett. Und wer ist schuld? Wir natürlich. *Sie werden es schon richtig machen* heißt nämlich auf gut deutsch: *Sie können machen, was Sie wollen, gemeckert wird sowieso.* Undankbarer Job. (In Konzernen bzw. großen Unternehmen, wo man neue Leute kennen lernen kann, haben Weihnachtsfeiern einen anderen Charme, werden aber meist nicht von Sekretärinnen, sondern von professionellen Event-Managern organisiert.)

Die Alternative zur Weihnachtsfeier: Im Sommer einen Grillabend oder ein Picknick organisieren, zu dem jeder etwas mitbringt. Da so was spontan entstehen kann und mithin echtes

Teamwork ist, wird niemand meckern, und es erfüllt jenen Sinn, den eigentlich eine Weihnachtsfeier haben sollte: So ein Grillabend verbessert das Arbeitsklima und fördert den Teamgedanken. Und wenn Sie Ihrem Chef das Mitte November vorschlagen, wird er Sie dafür lieben. Allerdings: nicht vergessen, im Sommer auf einer Fete zu bestehen, sonst werden Sie unglaubwürdig.

Und so entzerrt man das Jahresendprogramm: Basteln Sie einen Adventskalender für den Chef: Es wird rückwärts gezählt: 19, 18, 17, 16 Arbeitstage bis zum neuen Jahr. Versüßen Sie ihm jeden Tag mit einem Stück Schokolade. Verschieben Sie die große Firmensause auf den Sommer und die guten Wünsche und Präsente für die besten Kunden auf die erste Januarhälfte.

3. Mensch, Chef! –
Indiskretes aus der Chefetage

Was hätte ich doch für einen tollen Job, wenn nur mein Chef nicht wär!, lautet der kollektive Stoßseufzer in deutschen Vorzimmern. Unsere Chefs erwarten von uns, dass die Einblicke, die wir täglich in ihr Seelen- und sonstiges Leben werfen dürfen, von uns mit äußerster Diskretion behandelt werden. Dabei gibt es kaum etwas Indiskreteres als Chefs.

Der ewige Patient

Selbstverständlich erwartet Chef, dass seine Sekretärin ihn nach nervenzerfetzenden Mitarbeitergesprächen tröstet und wieder aufbaut, egal, ob sie seine Einschätzung teilt oder die frisch gekündigte Frau Müller ihre beste Freundin ist. Während Chef den Befindlichkeiten seiner Sekretärin mit Ignoranz gegenübersteht, erwartet er, dass sie seine Gemütslage ausgleicht. Natürlich ist nicht die soeben gekündigte Frau Müller das bedauernswerte Wesen, sondern er, der sich mit unfähigem Personal abplagen muss und dem man auch noch zumutet, dieses Personal mit menschenverträglichen Worten in die Wüste zu schicken. Nach Müllers Heulkrampf braucht er geistige Hühnersuppe. Er betritt das Vorzimmer wie ein heimkehrender Kriegsheld und erwartet Pauken, Trompeten und Streicheleinheiten in Form von Kaffee, Keksen, strahlendem Lächeln und anerkennenden Worten.

Je höher die Position, desto dünner die Luft. Chefs sehnen sich nach Liebe, Aufmerksamkeit und Zuwendung. Mitleid steht zwar in keiner Stellenbeschreibung, gehört für viele Chefs aber zur Basisqualifikation für ihr Vorzimmer.

Genauso wie er erwartet, dass sie ihm lautlos das Aspirin plus C serviert, wenn er am Morgen nach einem Geschäftsessen mit rot geränderten Augen das Büro betritt, und die Telefonklingel zwei Stufen leiser stellt. Natürlich wird er bei den ersten Anzeichen eines leichten Schnupfens nicht sofort nach Hause fahren, er wartet ab, bis sie ihm versichert, dass er umgehend ins Bett gehört. Und wehe, sie tut es nicht! Selbstverständlich wird er sich, während er schon nach dem Mantel greift, noch ein bisschen wehren: *Aber ich habe doch um drei den Termin mit Schulte und morgen das Meeting mit den Kunden aus London*, aber das gehört zur Unentbehrlichkeitsshow, eine gute Sekretärin wird das doch mit links umorganisieren.

Wenn sie sich mit 39 Grad Fieber und Triefnase ins Büro schleppt, weil morgen die Messe anfängt und noch so viel zu tun ist, wird er, wenn sie über Gliederschmerzen klagt, höchstens sagen, sie solle sich nicht so anstellen: *Krankheit ist Charakterschwäche.*

Während sie klaglos jeden Abend ein Rosmarinentspannungsbad gegen ihr Halswirbelsyndrom nimmt und sich wegen der Schmerzen im rechten Ellbogen mit Diclofenac vollstopft, zitiert er genüsslich jedes einzelne Wort seines Orthopäden, den er wegen seines Tennisarms aufgesucht hat. Ist er mal schlecht drauf, hat sie das nicht nur zu erahnen, sondern in vorausschauender

Einwandbehandlung bereits alle Terminwünsche abzublocken. Am besten, man behandelt den Patienten wie seinen eigenen Siebenjährigen, wenn er ein Wehwehchen hat: Pusten, Pflaster und Pfannkuchen und im Übrigen darauf hoffen, dass er bald zum Fußball verschwindet.

Ich muss mal und andere Zumutungen

Ob Sekretärin, Assistentin, Notariatsgehilfin oder Kauffrau für Bürokommunikation – mit der Unterschrift unter einen Arbeitsvertrag geben wir unsere privaten Bedürfnisse an der Garderobe ab. Wir haben präsent zu sein, und das 24 Stunden am Tag. Wenn er weg ist, muss sie die Stellung halten. Wenn er da ist, muss sie zu seiner Verfügung stehen. Wenn er schläft, muss sie vordenken. Jeder Bandarbeiter hat pro Stunde acht Minuten gewerkschaftlich erkämpfte Pinkelpause – Sekretärinnen nicht, Sekretärinnen ziehen hoch. Schließlich ist es ihm nicht zuzumuten, dass er mal alleine ans Telefon geht. Es könnte ja jemand dran sein, den er nun absolut nicht sprechen will. Nicht wenige von uns trauen sich nur mit dem Handapparat auf das gewisse Örtchen. Es gibt nicht wenige Firmen, in denen werden Sekretärinnen auf der Toilette über Lautsprecher ausgerufen. Was kaum hilfreich ist, wie man sich vorstellen kann, und auf die Dauer zu Verdauungsbeschwerden führt.

Arztbesuche, Waschmaschinenreparaturen oder gar Urlaube gehören dann auch zu den größeren Zumutungen, mit denen wir unsere Chefs bis aufs Blut quälen können. Einerseits tun unsere Chefs so, als wären wir jederzeit austauschbar. Aber allein die Abwesenheit von ein paar Stunden stürzt die meisten Helden in ein ungeahntes Chaos. Das fängt damit an, dass die meisten nicht mal in der Lage sind, die Telefonanlage zu bedienen. Das heißt, sie können den Hörer abnehmen und sprechen. Was sie nicht können, ist ein Telefonat aus dem Sekretariat zu sich rüberholen, ein Telefonat weiterleiten oder gar ein Telefonat halten, während man ein zweites annimmt. Erstaunlicherweise können die meisten das per Handy, aber diese Bürokommunikationsteile sind ihnen zutiefst suspekt. Vor allem weiß man ja nie, wer dran ist.

Während die meisten Chefs durchaus in der Lage sind, selbst eine E-Mail zu schreiben, blockieren sie erstaunlicherweise beim Erstellen ganz normaler Geschäftspost. Das hat einen ganz einfachen Grund: Die E-Mail legt sich wie von Zauberhand selbst in »gesendete Nachrichten« ab und ist später mühelos jederzeit wiederzufinden. Ein Brief muss in irgendeine Datei gespeichert werden – *Was weiß ich über Ihr Ablagesystem?* –, will man ihn später wiederfinden. Außerdem muss ein Brief auf einem Firmenbogen ausgedruckt werden. *Und wie rum muss ich den Bogen einlegen?* Natürlich benötigt man dann auch noch eine Kopie für die Akten – allerdings hat der Fotokopierer so viele Knöpfe, *das kann sich ja kein Mensch merken.* Garantiert erscheint irgendein rotes Männchen am Fotokopierer, wenn die Sekretärin beim Arzt ist.

Und genauso garantiert streikt der Drucker, weil der Toner mal wieder kräftig geschüttelt werden muss. Das Nachladen des Druckers mit Toner überfordert die meisten Chefs bei weitem, schließlich ist das nicht ihre Aufgabe, und man könnte sich dabei ja schmutzig machen.

Man kann mit hundertprozentiger Sicherheit davon ausgehen, dass unser Chef genau dann ein Dokument sucht, wenn wir zur jährlichen Vorsorgeuntersuchung sind. Hilflos gefangen im ihm unverständlichen Ablagesystem zählt er die Minuten, bis wir wie-

der da sind. Überhaupt: Will man ihn an den Rand eines Herz-
infarkts treiben, lässt man durchblicken, dass man zum Gynäko-
logen muss.

**Lassen wir unseren Chef ruhig ab und zu mal ein paar Stun-
den allein.** Vorausgesetzt, im Vorzimmer schlummern nicht
irgendwo ein paar schlecht versteckte Leichen. Ansonsten
wird er danach unsere Arbeit noch mehr zu schätzen wissen.

Du sollst keine Götter haben neben mir

Nichts hassen Chefs mehr als einen Wechsel in ihren Vorzimmern. Schließlich braucht man fast ein Jahr, bis man wie ein altes
Ehepaar halbwegs aufeinander eingespielt ist und reibungslos
miteinander harmoniert. Droht der Verlust der Sekretärin, ist
Alarm angesagt.

Kommt man also nach einem Besuch beim Gyn mit einer Flasche Champagner zurück ins Büro, kann man eigentlich gleich
den Krankenwagen für ihn bestellen. Er hat bereits seit Stunden
Herzrasen, Schweißausbrüche und einen trockenen Mund, muss
er doch fürchten, dass sein Vorzimmerweib außerhalb der Arbeitszeit etwas mit Folgen getrieben hat.

Nun ist es nicht so, dass Chefs ihren Sekretärinnen nicht privat
alles Glück dieser Welt wünschen würden. Doch, doch. Aber es ist
ihnen natürlich lieber, wenn ihre Sekretärinnen glücklich sind,
während sie bei ihnen arbeiten. Trotz unserer Freude über eine
Schwangerschaft, trotz seiner durch die Zähne vorgebrachten

Glückwünsche wissen wir natürlich, dass eine Schwangerschaft für Chefs eine Zumutung bedeutet.

Erst ist immer der Bauch im Weg, dann sechs Wochen bezahlter Urlaub, und wenn sie nicht kündigt, dann darf er sich unter Umständen jahrelang mit einer Aushilfe behelfen. Wenn die Sekretärin boshaft ist, wird sie noch während der Elternzeit zum zweiten Mal schwanger. Wenn er Pech hat, wird sie nicht mal dazu kommen, die Aushilfe einzuarbeiten, da sie sich ins Krankenhaus begeben muss, weil eine Fehlgeburt droht. Deshalb wehret den Anfängen.

Unverheiratete Sekretärinnen werden jeden Abend mit Argusaugen belauert: Schminkt sie sich vor dem Nachhausegehen? Zieht sie sich besser an als sonst? Macht sie weniger Überstunden? Wenn ja, dann ist Gefahr im Verzug. Da bahnt sich etwas an, und einen Ehemann kann der Chef so nötig brauchen wie einen Kropf. Man weiß ja, was dabei herauskommen kann. Wenn sie sich jetzt auch noch um das leibliche und seelische Wohl eines Nebenbuhlers kümmern muss, dann kann man sie ja gleich vergessen.

Also tut er alles, um die Anbahnung einer Ehe perfide zu durchkreuzen: Unerwartete Überstunden, plötzliche Geschäftsreisen, nicht angekündigte Wochenendarbeit und ungerechtfertigter Anschiss kurz vor Feierabend haben schon so manch hoffnungsvoller junger Liebe den Garaus gemacht.

Natürlich ist er nicht eifersüchtig. Er will nur seine gut geölte Vorzimmermaschine nicht auswechseln müssen. Betrachten wir es als Kompliment, das Recht ist sowieso auf unserer Seite.

Miss Moneypenny

Natürlich haben wir zu wissen, wer wichtig ist und wer nicht. Bei wirklich wichtigen Leuten obliegt es der Sekretärin, den eigenen Chef noch wichtiger zu machen. Egal, ob er gerade seinen Privatflug in ein Weekend mit seiner neuen Geliebten nach Paris bucht (was im Zweifelsfall auch zu unseren Aufgaben gehört) oder ob er gerade die Formel-1-Strecke in Malaysia am Computer nachfährt, der Chef ist selbstverständlich in einem wichtigen Meeting. Natürlich werden wir ein Memo schreiben. Aber es wird schwierig sein mit dem Rückruf, denn morgen ist er auf Geschäftsreise, und übermorgen hat er so viele Termine, dass man nicht genau sagen könne, wann er erreichbar sei.

Wirklich wichtige Leute werden auch nicht zurückgerufen. Und wenn, dann nur angekündigt und verbunden durch seine Agentin. Weniger wichtige Leute werden mit dem Satz: *Worum geht es bitte, das können Sie mit mir besprechen?* abgespeist, ein Satz, der jeden Vertreter um den Verstand bringt. Geschickte Sekretärinnen fügen dann ein *Ich will sehen, was ich für Sie tun kann!* an und haben sich damit einen Freund fürs Leben gemacht.

Den Freunden fürs Leben steht jeder Chef naturgemäß skeptisch gegenüber. Überhaupt: Vor allem Freundschaften unter Kollegen sind ihm ein Dorn im Auge, muss er doch immer fürchten, dass sie etwas über ihn ausplaudert, was er lieber unter Verschluss halten will. Auf der anderen Seite braucht er Informationen aus dem Unternehmen. *Haben Sie irgendwas gehört?*, ist die harmlos klingende Aufforderung zur Konspiration. Schließlich kann er als Chef nicht am Unternehmensklatsch teilhaben, und deshalb schickt er sie in die Kaffee- und Gerüchteküche. Wobei er sich darauf verlässt, dass sie die Informationen zwar einsammelt, aber selbst keine gibt. Nicht wenige Chefsekretärinnen werden hinter vorgehaltener Hand von ihren Kolleginnen Mata Hari genannt. Chefsekretärinnen sind niemals beliebt in einem Unternehmen, kein Mitarbeiter, der noch recht bei Trost ist, glaubt, dass die Chefsekretärin den neuesten Büroklatsch nicht sofort weiterleiten wird. Insofern erfährt die Sekretärin auch immer nur das, was sie erfahren soll, Mitarbeiter sind ja nicht blöd.

Die Sekretärin hieß natürlich nicht umsonst früher Sekretärin, weil sie wohl wissen muss, wann sie ihre Zunge zu hüten und Geheimnisse zu wahren hat. Die Berufsbezeichnung Sekretärin leitet sich nicht von irgendwelchen Körperflüssigkeiten ab, wie böse Zungen behaupteten, sondern von Secret, dem Geheimnis. Quatschtanten haben in diesem Job wirklich nichts zu suchen.

> **Wer als Kollegin beliebt sein will,** sollte sich eine andere Position im Unternehmen suchen. Eine gute Sekretärin weiß, worüber sie zu schweigen und was sie zu kommunizieren hat.

Nicht wenige Chefs schicken ihre Sekretärin aber nicht nur in die Kaffeeküche, sondern auch sonst in das wahre Leben. Denn so manch ein Chef hat aufgrund seiner jahrelangen Tätigkeit die Bodenhaftung verloren oder verlernt, wie Menschen, die nicht in einem Elfenbeinturm sitzen, sich fühlen. Die sogenannten Hausfrauentests heißen so, weil die Sekretärinnen gefragt werden, was Kundin Hausfrau von einem Produkt oder einer Dienstleistung denken könnte. Die Sekretärin ist die Stimme des Volkes im Vorzimmer, die öffentliche Meinung, die Frau, die weiß, wie viel eine Busfahrkarte kostet und was es bei Lidl im Sonderangebot gibt. Wir sind seine Nabelschnur zum wirklichen Leben, seine Miss Moneypenny, seine Mata Hari.

Ehefrauen, Geliebte und andere Naturkatastrophen

Chefs tun einiges, um ein Privatleben ihrer Sekretärinnen weitgehend zu verhindern. Dafür entschädigen sie ihre Vorzimmerdamen mit ihrem eigenen Privatleben, an dem sie sie großzügig teilhaben lassen.

Die Ehefrau ist die natürliche Feindin der Sekretärin. Selbst O-Beine, abstehende Ohren und schwarze Mäusezähne schützen nicht vor der Eifersucht der Ehefrau. Was verständlich ist, denn mit der Sekretärin verbringt der Chef mehr Zeit als mit seiner Angetrauten, und auch Angetraute wissen, dass es auf O-Beine, abstehende Ohren und schwarze Mäusezähne nicht ankommt. Sie argwöhnt, dass seine Sekretärin mehr über ihn weiß als sie, was vermutlich stimmt. Sie argwöhnt, dass er zu seiner Sekretärin ein größeres Vertrauensverhältnis hat als zu ihr. Was vermutlich auch stimmt, sonst wäre er nicht mehr mit seiner Ehefrau verheiratet. Sie argwöhnt, dass seine Sekretärin für ihn lügt, was auf jeden Fall stimmt. Was seine Ehefrau zur Weißglut bringt, ist, dass seine Sekretärin ihn immer erreichen kann.

Deshalb hassen die meisten Sekretärinnen auch die Ehefrauen ihrer Chefs. Denn sie wissen genau, dass die Damen zu Hause keine Gelegenheit auslassen, gegen sie zu sticheln. Und es gibt einiges, was Sekretärinnen Ehefrauen heimlich übel nehmen: die vielen Bewirtungsquittungen, die sie ausfüllen müssen, die Abrechnungen der Wellness-Hotels, die mühsam gefundenen Billig-Begleitflüge, die auf die Schnelle besorgten Entschuldigungsgeschenke, die aufwendig eingewickelten Geburtstagspäckchen, kurzum das gesamte Ehefrauen-Verwöhn-und-bei-Laune-halten-Programm, das in den Vorzimmern ganz selbstverständlich organisiert wird. Nicht selten fragen wir uns, wie es wäre, kräftesparend mit ihm verheiratet zu sein. Da würde man wenigstens auf Händen getragen werden. Vor allem, wenn man mitkriegt, wie er plötzlich bei ihrem Anruf auf Normalmaß schrumpft und nur noch *Ja, Liebling!* ins Telefon stammelt. Chefs haben vor Ehefrauen mehr Schiss als vor der Wahl des neuen Vorstandsvorsitzenden.

> **Im Vorzimmer lernt man genauso viel über das Leben** wie als Priester in einem Beichtstuhl. Allerdings sind wir dem Priester gegenüber im Vorteil: Wir können unser Wissen privat nutzen.

Richtig nervig wird es dann, wenn Chef sich nicht nur ein anspruchsvolles Ehegespons, sondern auch noch eine Geliebte hält. Dann wird der Job zur Zirkusnummer. Bei den regelmäßigen Anrufen der beiden Damen, die immer dann erfolgen, wenn man gerade völlig konzentriert an einer 8-Punkt-Excel-Liste sitzt, muss man immer genau wissen, wem man was sagen darf. Das setzt eine detaillierte und immer topaktuelle Kenntnis des Liebeslebens des Chefs voraus. Sollte die Ehefrau etwas merken, wird sie umgehend versuchen, die bis dahin misstrauisch beäugte Sekretärin zu ihrer Komplizin zu machen. Ein Spiel, bei dem grundsätzlich die Sekretärin verliert. Noch komplizierter wird es allerdings, wenn sich die Sekretärin in ihren Chef verliebt. Bis dass die Kündigung uns scheidet. Und überhaupt: Wozu brauchen wir eine Telenovela – bei dem Job!

Kinderstube? Das ist mein Büro!

Empfindliche Frauen sollten nicht als Sekretärin arbeiten. Das größte Problem ist nämlich, dass Chefs ihre Sekretärin nicht als eigenständigen Menschen wahrnehmen, sondern als eine Fortsetzung der eigenen Person mit anderen Mitteln. Ist ja auch ein Kompliment, oder? Denn nur so erklärt es sich, dass Chefs, die durchaus in der Lage sind, auf wirklich jedem Parkett zu glänzen, innerhalb ihrer vier Bürowände einen erstaunlichen Mangel an Kinderstube beweisen. Manche Chefs scheinen sich nur ein wenig entspannen zu können, wenn sie sich schlecht benehmen dürfen. Und das fängt bereits morgens an.

Beim Aufwachen ist ihm eingefallen, dass er etwas ganz dringend für die 9-Uhr-Sitzung braucht. Also schnappt Chef sich sein Handy, verzieht sich ins Bad, und während er sich auf die Toilette setzt, ruft er seine Sekretärin an. Die wollte eigentlich gerade frühstücken, aber nun ist ihr der Appetit vergangen. Nicht durch das, was er sagt, sondern durch das, was sie von ihrem Chef hört.

Er ruft uns *mal kurz rein*, und wir hören schon von weitem, dass er sich den Keksteller von seinem letzten Termin mit an den Schreibtisch genommen hat. Sobald Frau ihm mit gespitztem Bleistift, gezücktem Block und entzückter Miene gegenübersitzt, fährt er den nächsten Keks ein. Ein halb gegessener Keks scheint bei Chefs ein Gefühl von Einsamkeit im Mund zu hinterlassen.

Am Ende des ersten, kaum zu verstehenden Satzes gesellt sich der dritte Keks zum *Get together* im Mund. Die Frage *Wie bitte?* animiert ihn kurzzeitig zum Schlucken, um danach die Keks-Takt-Frequenz noch ein bisschen zu erhöhen. Dabei kriegt sowohl der Schreibtisch als auch die Sekretärin *ihr Fett ab.* Das Einzige, was ihn dazu bringen kann, seinen Keks-Fressanfall zu beenden, ist außer einem leeren Teller ein unerwarteter Anruf.

Genauso wie jede rote Ampel für Männer eine Aufforderung zum Nasebohren bedeutet, genauso scheint bei Sekretärinnen auf der Stirn eine Laufschrift mit *Bitte popeln Sie jetzt!* aufzuleuchten, sobald wir ihm gegenübersitzen.

Vielleicht können Chefs (und diesmal geht es wirklich nur um die männliche Variante) beim Popeln besser denken. Und wenn sie nicht in der Nase bohren, dann bohren sie sich in den Ohren. Das dabei gewonnene Körperprodukt wird danach hinsichtlich Aussehen, Textur, Geruch und Geschmack genauso intensiv überprüft wie der Prototyp eines neuen Unternehmensproduktes, während die Sekretärin angelegentlich die Augen auf den Notizblock senkt und gegen aufkommenden Brechreiz ankämpft.

Das größte Problem: Es ist uns so peinlich, dass wir nicht mal sagen können: *Lieber Chef, bitte bohren Sie in der Nase, wenn Sie allein sind, ich finde das eklig.* Völlig unnötig, übrigens, denn ihm ist das nicht peinlich. Er hat es nicht mal gemerkt. Im Zweifelsfall wird er sich entschuldigen und denken: *In meinem Büro pople ich, solange ich will.*

In ihren Büros ziehen sie die Schuhe aus, solange sie wollen. In ihren Büros kratzen sie sich am Kopf oder in entgegengesetzter Richtung, solange es ihnen passt.

Das Denken, dass man in seinen eigenen vier Wänden machen kann, was man will, wird auf das Büro zu hundert Prozent übertragen. Wie erstaunt war unser Chef, als ein Mitarbeiter kündigte, nachdem unser Chef seinen Computer aus dem Fenster geschmissen hat. *Wieso, ich kann doch mit meinen Computern machen, was ich will, oder?*

Niemand regt sich schließlich in einem deutschen DAX-Unternehmen darüber auf, wenn der Finanzvorstand in schöner Regelmäßigkeit neue Möbel braucht, weil er sein Büro in einem Wutanfall mal wieder zu Kleinholz zerschlagen hat.

Wo gehobelt wird, fallen Späne? Wenn er sich benimmt wie ein ungezogener Siebenjähriger, kann man ihn ruhig auch so behandeln. Drohen Sie mit Liebesentzug: *Wenn Sie mir jetzt noch mal die Krümel ins Gesicht spucken, dann kriegen Sie nie wieder einen Keks von mir.*

Auf Dauer hält man einen ungehobelten Chef nur aus, wenn man seinen Mangel an Manieren als Ausdruck dafür sieht, dass er seine Sekretärin als einen Teil von sich selbst betrachtet.

Die Sache mit den Mäusen

Jede vernünftige Sekretärin tut gut daran, immer einen erklecklichen Vorrat von Keksen zu horten. Denn die braucht der Chef nicht nur zum Bewirten seiner Gäste, sondern vor allem, um seinen Hunger auf Süßes permanent stillen zu können. Es scheint einen erstaunlichen Zusammenhang zwischen Naschlust und Position in der Firmenhierarchie zu geben. Je höher jemand angesiedelt ist, desto stärker scheint die Naschsucht ausgeprägt. Hersteller von Süßigkeiten aller Art wissen ganz genau, wer ihre Kunden sind. Zwar spielen in den Werbespots Kinder die Hauptrolle, die Zielgruppe aber sind männliche *heavy user* über 25. Mit diesen Kinderwerbespots wird die Sehnsucht nach der heilen Welt der Kindheit heraufbeschworen, eine Welt, in der man keine Verantwortung zu tragen hatte und in der einem der gütige Großvater einen Riesen zusteckte. Bonbons sind nichts anderes als Liebe, Zuwendung und Geborgenheit, die man kaufen bzw. kauen kann.

Da das Lutschen von Bonbons bei einem gestandenen Leistungsträger jedoch ziemlich uncool wirkt, haben sich die Werber eine neue Strategie einfallen lassen. Jetzt darf auch der Chef hemmungslos Süßlis in sich hineinstopfen, denn was kernige Bauleiter oder muskelbepackte Truckfahrer in Werbespots tun, um ihr Leistungsvermögen und ihren Blutzuckerspiegel wieder auf Normalmaß zu bringen, das können jetzt auch Chefs ohne Gesichtsverlust. Für unsere Leistungsträger wurden sie erfunden, die Energieriegel und die Vitaminbonbons.

Allerdings gehört zur wirklichen Befriedigung ihrer kindlichen Bedürfnisse auch der Moment der Gefahr. Die aufgefutterten Kekse aus der Gäste-Vorratspackung reichen da einfach nicht aus. Um sich für Minuten wirklich und wahrhaftig in die heile Kinderwelt versetzen zu können, mutieren unsere Helden kurzzeitig zu Zehnjährigen. Sie gehen auf Beutezug. Und das heißt gemeinhin: ins Vorzimmer. Denn natürlich hat jede Sekretärin irgendwo in ihrer Schublade eine Großpackung Riesen oder saure Gummis oder Mini-Bountys, kurzum irgendetwas, was sie dringend braucht, wenn sie mal wieder nicht zum Mittagessen kommt oder kurz vor einem Heulkrampf steht.

Kaum hat sie das Licht in ihrem Vorzimmer gelöscht und ist Richtung Ausgang unterwegs, ist er an ihrem Schreibtisch. Erst ein Riese, dann zwei Riesen, dann drei Riesen – irgendwann verliert er die Kontrolle und greift sich die gesamte Packung. *Ich muss morgen dran denken, ihr neue zu kaufen.*

Natürlich denkt er am nächsten Morgen nicht dran, und auch an keinem weiteren Morgen (wer erinnert sich schon gern an seine Sünden), so dass die Sekretärin irgendwann Nachschub holt, irgendwas von Mäusen im Büro nuschelt und sich ein neues Versteck sucht. Das er natürlich in kürzester Zeit finden wird, schließlich war er früher bei den Pfadfindern. Eigentlich sind es gar nicht die gestohlenen Kalorien, die Sekretärinnen an dieser Praxis so ärgern. Es ist vor allem die Selbstverständlichkeit, mit der Chefs die Schubladen ihrer Mitarbeiter durchwühlen und sich ihres Eigentums bemächtigen, die den meisten wirklich wehtut.

Besorgen Sie Tarnung, zum Beispiel Müsliriegel oder Traubenzuckerstückchen, und legen Sie diese so auffällig in die Schublade, dass Chef denkt, das sei alles, was es zu holen gibt. Er wird Sie fortan für eine Heilige halten und die Finger von Ihren Smarties lassen. Alternative: Schreibtisch abschließen.

PMS – ich krieg die Krise

Chefs können mit klaren Ansagen umgehen. Also ruhig zugeben, wenn es nicht Ihr Tag ist. Sie werden sich wundern, wie zuvorkommend Chef sein kann.

Unser tägliches All-inclusive-Programm gehört für jede gute Sekretärin zu den Standards, die immer dann anfangen zu nerven, wenn man selbst mal schlecht drauf ist. Das sind dann die Tage, an denen man das dritte Mal vergisst, die Excel-Tabelle zwischenzuspeichern, bevor man mal schnell in seinen elektronischen Terminkalender guckt. Das sind die Tage, an denen er uns zum hundertsten Mal unterbricht, während wir versuchen, die Masterfolie der Power-Point-Präsentation zu formatieren. Das sind die Tage, an denen er etwas ganz Wichtiges und Eiliges mit uns besprechen will und bei jedem angefangenen Satz sein privates Handy klingelt. Das sind jene besonderen Tage, an denen wir kribbelig werden.

Besonders reizende Chefs sagen dann: *Kriegen Sie Ihre Tage, oder was?* Das Schlimmste daran: Er hat den Nagel auf den Kopf getroffen. Schnell wegucken, sonst sieht er die Mordlust in unseren Augen.

Besonders unangenehm sind jene Tage, wenn der Chef eine Frau ist. Da Frauen, die auf engem Raum zusammenarbeiten, ja bekanntlich gleichzeitig menstruieren, ist an solchen Tagen der Stress vorprogrammiert. Der einzige Vorteil: Frauen fragen nicht, ob wir unsere Tage kriegen.

Es sind also jene ganz besonderen Tage, an denen wir eine Familienpackung Goldbärchen brauchen, um sie zu überleben.

Wer zu seinem Chef sagt: *Heute geht alles schief. Ich will auf den Arm!*, wird sich wundern. Damit kann Chef umgehen, schließlich will er ständig auf den Arm. Die meisten werden prompt so reagieren, wie sie es von uns täglich erwarten: Kaffee holen, Kekse bereitstellen und ein paar liebe Worte verlieren. Geben Sie Mutter Theresa eine Chance!

4. Mächtig sprachlos: Kommunikation auf Chefniveau

Das wichtigste Führungsinstrument jedes Managers ist die Sprache – sollte man zumindest meinen. Je höher unsere Chefs in der Hierarchie steigen, desto sprachloser scheinen sie zu werden. Bestimmte Wörter kommen in ihrer Sprache allerdings einfach nicht mehr vor. Versuchen wir dem Phänomen Chefsprech auf die Spur zu kommen.

Die Schönschreiberinnen

Schreiben Sie das Übliche. Sie wissen schon! Jawoll Chef, wir lieben diese präzisen Anweisungen. Er diktiert nie Briefe, wozu haben wir eigentlich Steno gelernt? Wenn es hoch kommt, schmeißt er ein paar Satzfetzen hin. *Und so weiter und so weiter.* Nach Diktat verreist. Das hat natürlich System, kann man doch seiner Sekretärin damit alle Schuld in die High Heels schieben. Das würde er natürlich auch tun, wenn er den Brief diktiert hätte, denn schließlich werden wir dafür bezahlt, die Schuld an allem Murks, den er macht, auf uns zu nehmen.

Diese Satzfetzen haben einen gewaltigen Vorteil: Sie verbergen, dass er des Deutschen nicht mächtig ist. Früher haben die Sekretärinnen ihre Chefs auch schöngeschrieben. Aber da waren die Chefs meist Kerle, die früher den Hof gefegt und sich langsam nach oben gearbeitet haben. Da hatte man ja noch eine Sekretärinnenehre.

Einen diplomierten Wirtschaftsingenieur schönzuschreiben, ist eine ganz andere Sache. Den muss man nämlich erst mal verstehen. Wenn er deutsch spricht, spricht er englisch. Wenn er englisch sprechen soll, spricht er neudeutsch: *You reach me on the handy.* Einen Rechtsanwalt – der Lieblingsberuf aller Chefs dieser Welt – schönzuschreiben, ist sowieso vergebliche Liebesmüh. Hier kann man nur aufpassen, dass man sich an seine Schachtelworthülsen, denen zum Satzende immer die Kontextpuste ausgeht, nicht so gewöhnt, dass das eigene Sprachgefühl abhanden kommt.

Natürlich hat sich in den letzten Jahren vieles in unseren Büros geändert. Während wir früher tonnenweise Papier produziert haben, läuft heute 90 Prozent der Kommunikation auf elektronischem Weg, was uns zumindest das elende Frankieren, Kuvertieren und Postausliefern erspart. Büroboten wurden arbeitslos, Frankierautomaten verstauben in der Ecke.

Die Post, die uns erreicht, besteht aus Werbung, Rechnungen und stilvollen Einladungen zu Veranstaltungen. Vor allem die innerbetriebliche Kommunikation wird heute fast ausschließlich über Internet und E-Mails erledigt, wobei sich inzwischen sogar Chef und Sekretärin gegenseitig E-Mails schicken, weil das wesentlich leichter ist als gemeinsam in einem Netzwerk zu arbeiten.

Jüngere Chefs haben kein Problem damit, kurze E-Mails selbst zu schreiben. Sobald ein Schreiben mehr als fünf Zeilen hat oder in Papierform vorliegen muss, haben die meisten Chefs umgehend vergessen, dass sie im Zweifingersuchsystem ganz schön schnell tippen können. Was im Übrigen auch daran liegt, dass nicht wenige Chefs nur mit Mühe nicht als Legastheniker bezeichnet werden können.

Es gibt übrigens eine Menge Chefs, die sensationell schnell im 10-Finger-System tippen können, was sie aber viele Jahre verheimlicht haben, weil sie sonst keine Sekretärin bekommen hätten. Weibliche Chefs wissen davon ein Liedchen zu trällern.

Das Orakel von Delphi

Er sagt: *Lassen Sie das per Kurier liefern.* Sie fragt: *Nach Bremen?* Er murmelt beim Hinausgehen die eindeutige Anweisung: *Hhm* in sein glatt rasiertes Kinn, und am nächsten Tag kriegt er einen Tobsuchtsanfall, weil das Paket nicht in Düsseldorf angekommen ist.

Seine Aussagen sind von bemerkenswerter Schlichtheit und Präzision. Wenn er in den Urlaub fährt, sagt er, dass er am Montag, den siebten, wieder da sei. Da sie seinen Terminkalender akribisch führt, macht sie ein paar harmlose Termine für Montag, den siebten, natürlich erst für den späten Nachmittag, damit er sich erst mal akklimatisieren kann. Wer nicht kommt, ist Chef. Am Dienstag, den achten, kommt er braungebrannt und strahlend zur Tür rein. *Wieso haben Sie sich Sorgen gemacht? Ich habe doch ausdrücklich gesagt, dass ich bis einschließlich Montag Urlaub mache.*

Da diese präzisen Anweisungen das gesamte Unternehmen in regelmäßigen Abständen in den Grundfesten erschüttern, obliegt es der Sekretärin, ungerechtfertigt Zusammengestauchte wieder aufzurichten *(Dieses Idiotenpack ist zu dämlich, die einfachsten Aufträge auszuführen!)*. Da Sekretärinnen die Deutungshoheit zugeschrieben wird, führt das zu unbezahlter Mehrarbeit, da vorsichtshalber jeder Mitarbeiter noch mal bei der Sekretärin nachfragt, wie der Chef eine Anweisung wohl gemeint haben könnte. Das ist seine Art, Verantwortung zu delegieren.

> **Zu verstehen, was Chef meint,** ist auch eine Art von Herr-
> schaftswissen. Das man sich gut bezahlen lassen sollte.

Aber das habe ich Ihnen doch gesagt!

Egal was wir ihm sagen, es versickert im Nirwana. Es gibt Chefs, bei denen man gar beginnende Alzheimer vermuten kann. Sie steht neben ihm und schlägt Alarm. Er guckt seine Sekretärin an, nickt versonnen, sagt *aha*, und weg ist es. Auf Nimmerwiederse-hen. Er wird für den Rest seines Lebens behaupten, nie, wirklich noch nie davon gehört zu haben.

Das Fassungsvermögen des menschlichen Gehirns ist theore-tisch unbegrenzt. Dafür muss man allerdings mit den Gedanken bei der Sache sein. Chefs erwarten einfach von ihrer Sekretärin, dass sie genau weiß, wann er bei der Sache ist und wann seine Gedanken ganz woanders sind. Weit, weit hinter dem Horizont. Visionen sind schließlich sein Beruf. Es nutzt nichts zu fragen: *Hören Sie mir überhaupt zu?* Er wird glatt ja sagen und nein mei-nen.

Und was macht man gegen Chefs mit akuten Gedächtnis-störungen? Sie von vorneherein einkalkulieren. Eine gestandene Sekretärin wird ihren Chef niemals mit *Aber das habe ich Ihnen doch gesagt* nerven. Sie weiß: Sein Arbeitsspeicher ist ausgelas-tet. Deshalb wird sie ihn genauso behandeln wie einen Alz-heimer-Patienten. Da hilft nur: Geduldige Wiederholung aller wirklich wichtigen Dinge und im Zweifelsfall überall angekleb-te Hafties mit Erinnerungen. Hafties sind sozusagen das Kukident des Vorzimmers. Erst wenn er sagt: *Das weiß ich schon, das haben Sie mir schon gesagt,* dann ist es in seinem Gehirn angekommen.

Wenn die Infos nicht haften bleiben, helfen nur geduldige Wiederholungen und Hafties.

Fakten, Fakten, Fakten

Gestern Nacht dieser Alptraum. Im Traum sah sie eine Ausgabe des Magazins *Der Spiegel* auf einer Toilette liegen. Das Exemplar war doppelt so dick wie üblich, und Hunderte gelbe Post-its lugten an der Seite heraus. *Warum haben Sie mir das nicht gesagt, verdammt noch mal!* Die Stimme ihres Chefs überschlug sich fast. Dabei wusste die Sekretärin ganz genau, dass sie den einspaltigen Bericht über den Reisbauern in Vietnam in einem Satz zusammengefasst und auf das Post-it geschrieben hatte. War das Post-it herausgefallen? Würde sie jetzt ihren Job verlieren? Die Stimme ihres Mannes rettete sie aus diesem Alptraum.

Viele Chefs halten sich selbst für zu wichtig und ihre Arbeitszeit für zu kostbar, um alles selbst zu lesen. Fakten, Fakten, Fakten wollen sie haben, sich bloß nicht mit Nuancen, mit Stimmungen oder, wie sie es nennen, mit Blabla aufhalten. Und damit binden sie natürlich wertvolle Arbeitszeit ihrer Mitarbeiter. Sie haben selbst so viel zu tun, dass sie jeden Infohappen vorgekaut benötigen, um eine Entscheidung zu fällen. FAQs und Q+As sind ihre Lieblingslektüre.

Vielleicht der Grund, warum es so viele Fehlentscheidungen gibt, denn bei der Interpretation von Fakten kommt es ja nicht selten auf Nuancen an. Wenn eine Führungskraft nicht mehr in der Lage ist, selbst täglich eine überregionale Zeitung und ein Magazin pro Woche zu lesen, dann sagt das viel über ihre Qualitäten aus. Natürlich braucht der Chef einen Pressespiegel, natürlich braucht der Chef so knapp gehaltene Informationen wie möglich, aber wenn jemand davor zurückschreckt, einen Brief, der mehr als zehn Zeilen hat, selbst zu lesen, sondern wissen will, was drinsteht, dann gibt es zwei Möglichkeiten: Entweder Chef hat eine Leseschwäche, oder Chef kann sich nicht konzentrieren.

Planen Sie in seinem Terminkalender Zeit ein, die er braucht, um durchzuatmen, den Kopf frei zu kriegen und sich ein paar Minuten auf Wichtiges zu konzentrieren.

Managersprech

Es ist eine küchenpsychologische Binsenweisheit, dass der Mensch nur das aussprechen kann, was er vorher gedacht hat. Einen Gedanken, den wir nicht zu Ende gedacht haben, können wir auch nicht formulieren. Deshalb gibt es in der Sprache unserer Manager bestimmte Dinge überhaupt nicht. Verlust? Nö, sie schreiben *rote Zahlen*. Wenn es gar zu arg wird und die Verluste höher sind, als jeder kleine Aktienbesitzer gealpträumt hat, dann geben Konzerne eine *Gewinnwarnung* heraus. Manager haben auch niemals ein Problem, sondern stehen höchstens vor einer

Herausforderung. Wirtschaftswissenschaftler sprechen nicht von einer Stagnation, sondern vom *Nullwachstum.*

Früher war man kundenorientiert. *Der Kunde ist König,* hieß es. Dem Kunden musste ein Produkt oder eine Dienstleistung nutzen. Heute heißt dieser Nutzen *Benefit.* Das klingt nach Benefiz-Veranstaltung, auf der Geld für Bedürftige gesammelt wird. Wer sich im Unternehmen um die Verbesserung und die Professionalisierung der Kundenbeziehungen kümmert, heißt jetzt *Key Account Manager.* Selbstverständlich ist man auch nicht kunden-, sondern *marktorientiert.* Man macht *Marktbeobachtung.* Was im Allgemeinen heißt, dass man guckt, was die Mitbewerber auf dem Markt machen. Der Kunde, derjenige, der das Produkt oder die Dienstleistung kaufen soll, kommt im Vokabular unserer Manager gar nicht mehr vor.

Sie denken nicht mehr darüber nach, wie sie das Produkt oder die Dienstleistung kundenfreundlicher machen können, sondern betreiben *Benchmarking.* Allein bei dem Versuch einer Definition des *Benchmarking* brechen sich Wirtschaftswissenschaftler die Zunge. »*Das grundsätzliche Ziel des Benchmarking ist es, die Schwächen eines Unternehmens und seiner Prozesse durch Vergleich mit anderen Unternehmen und Prozessen aufzudecken und die Leistungsfähigkeit zu erhöhen ... Das Benchmarking liefert eine Metrik für eine komplexe Leistung aus einer Anzahl einzelner Maße, die mit Hilfe einer Benchmarking-Studie gefunden wird*«, so Wikipedia. Alles klar?

Früher hatte man Angestellte bzw. Untergebene. Da war die Hierarchie klar und deutlich zu erkennen. Dann kamen die *Mitarbeiter.* Da wurde mühsam die trotzdem weiter bestehende Hierarchie sprachlich verschleiert. Und jetzt? Jetzt sind wir *Humankapital.* Bei diesem Ausdruck kann einem angesichts der gigantischen Kapitalvernichtung, mit der einige unserer Topmanager sich in den letzten zehn Jahren unsterblich gemacht haben, nur schwindelig werden. Die Marktkapitalisierung der 30 größten deutschen börsennotierten Unternehmen schrumpfte in den zwei (!) Jahren 2001 und 2002 von 890 Milliarden Euro auf gerade noch 315 Milliarden, das entspricht einem Werteverlust auf dem Papier von 65 Prozent. So also geht man mit Kapital um. Wohlgemerkt, es ist ja nicht das Kapital der Manager, das da vernichtet wurde, sondern das hart erwirtschaftete Kapital von Millionen von Menschen, die als Altersvorsorge Aktien gekauft haben.

Im Gegensatz dazu hat *Humankapital* den Vorteil, dass man es nicht vernichten kann, es wird einfach in der Arbeitslosenstatistik zwischengelagert und kann dem Markt bei Bedarf wieder zugeführt werden. Zwischen 1991 und 2005 wurden immerhin 2,2 Millionen Stück Humankapital von den Unternehmen abgebaut und zur Bundesagentur für Arbeit verschoben. Den Abbau, die Einsparung von *Staff* (neusprech für Personal) nennt man inzwischen *downsizen*. Ein Teil der Downgesizten parkt inzwischen dauerhaft bei Hartz IV. Wo kämen wir denn da hin, wenn Manager sich vorstellen müssten, dass hinter jeder einzelnen Zahl ein hartes Stück Euro steckt und hinter jeder Einheit Humankapital ein Mensch, von dem wahrscheinlich auch noch eine kleine Familie abhängt. Dafür denkt der Manager gern in »schlanken« Kategorien. *Lean Management* ist dann auch nicht etwa das Management für eine kalorienreduzierte Produktlinie, sondern kennzeichnet den Glauben an eine Minimallösung im Einsatz von Material, Maschinen und Menschen. Dabei werden alle auf ihre *Usability* geprüft.

Tja, und dann das Wichtigste. Das, was einen guten Chef ausmacht. Bringen wir es auf den Punkt: Es sind die *Soft Skills*, die vielen Chefs fehlen. Sie wissen nicht, was das ist? Ich kann Sie beruhigen, die meisten Chefs auch nicht. Soft Skills sind Schlüsselqualifikationen. Unter anderem wird darunter auch soziale Kompetenz verstanden.

Managersprech hilft unseren Chefs, Dinge, die sie normalerweise berühren und ihnen schlaflose Nächte bescheren würden, unemotional zu betrachten. Um ihn zu verstehen, sollten wir regelmäßig seine neuesten Lieblingswörter hinterfragen.

Chefsprech

Im Kern hat sich unser Job in den letzten dreißig Jahren nicht geändert. Wir sollen für unsere Chefs da sein, egal, wie und mit welchen Worten sie es uns signalisieren. Wir führen immer noch das zu Ende, was Chef angedacht hat, ein Computer ist letztlich auch nur eine Schreibmaschine, wir öffnen Mails statt Briefe, und Latte macchiato ist irgendwie auch nur Kaffee. Trotzdem hört sich heute vieles anders an als früher. War für unsere Chefs die Sprache schon immer ein Instrument, ihre wahren Absichten zu verschleiern, entweder, um uns nicht sauer zu machen oder um sich vor den emotionalen Konsequenzen des Gesagten zu drücken, so schlägt bei den jungen Chefs die Globalisierung Purzelbaum. Dass Chef oft etwas ganz anderes sagt, als er meint, wissen wir spätestens seit den standardisierten Formulierungen in Zeugnissen. Da man gegen ein schlechtes Zeugnis im Zweifelsfall klagen kann, haben Chefs einen internen Code, der dem Kollegen in einem anderen Betrieb signalisiert: »Vorsicht, die quatscht!«, oder »Achtung, die hat von Tuten und Blasen keine Ahnung.« Was die Formulierungen in den Zeugnissen bedeuten, hat sich bereits herumgesprochen, was aber will Chef uns sagen, wenn er ruft: *Könnten Sie mal kurz kommen?*

Worum geht es eigentlich, wenn Manager von negativem Wachstum oder von Herausforderung sprechen?

Was Chef sagt und was Chef meint, sind zwei verschiedene Paar Schuhe. Im Folgenden haben wir seine Standardformulierungen mal unter die Lupe genommen.

DAS KLEINE WÖRTERBUCH

Chef sagt	Chef meint
Absatz	*Wo waren wir stehen geblieben? Wird auch gern diktiert, wenn alles gesagt ist, Chef aber das Gefühl hat, der Brief wird zu mickrig.*
Ach ja?	*Warum haben Sie das nicht gleich gesagt, verdammt noch mal. Sie müssten schließlich wissen, wie wichtig diese Information für mich ist.*
Agenda	*Spickzettel, worüber man sprechen wollte – früher auch Tagesordnung*
Äh, äh, äh?	*Wie war doch gleich Ihr Name?*
Arzttermin	*Siehe auch: Teufel und Weihwasser. Bedeutet entweder drohende Schwangerschaft oder sechswöchiger Kuraufenthalt.*
Benchmark	*Wie war das mit dem Lineal in der Jungsumkleide?*
Benefit	*Man kann aus allem einen Nutzen ziehen.*
Bin gleich für Sie da!	*Wenn die ein bisschen mitdenken würde, dann bräuchte sie nicht so dumme Fragen zu stellen. Soll sie warten, bis sie schwarz wird, erst mal alles andere erledigen.*
Bitte!	*Aber flott!*
bisschen	*Wird zur Vernebelung unangenehmer Tatbestände benutzt, wie z.B.: Hier müffelt es ein bisschen. Bedeutet: Du stinkst wie Sau.*

Chef sagt	*Chef meint*
Bin gleich wieder da!	*So in drei bis vier Stunden.*
Bonus	*Streicheleinheiten für Chefs: Egal ob über Bonusmeilen bei der Fluglinie, Bonuspunkte im Supermarkt oder Jahresbonus für Umsatz, Chefs werden über Boni motiviert, ihre Arbeit zu tun.*
Briefing	*Gut verpackte Arbeitsanweisung – meist nicht so kurz, wie das Wort »brief« vermuten lässt*
Cash flow	*Genügend eingenommenes Geld auf dem Konto, damit unsere Krankenkasse bezahlt werden kann.*
Challenge	*Neusprech für Herausforderung, sprich Problem, sprich die Coca kocht gerade über.*
Charmante Idee	*Pluspunkt beim Chef, Nierenhaken für den Konkurrenten.*
CEO	*Die schönsten drei Buchstaben im Chef-Alphabet, der Vorstandsvorsitz eines internationalen Konzerns ist das Ziel aller Jungmanager.*
Crash-Kurs	*Nachhilfequickie*
Danke!	*Das wurde aber auch Zeit! Oder je nach Betonung: auch negative Antwort auf die Frage: Wie war es?*
Da muss man wohl gratulieren.	*Lieber beiße ich mir die Zunge ab. Sie werden schon sehen, was Sie davon haben!*

Chef sagt	Chef meint
Darf ich kurz stören?	*Nun hören Sie schon auf, hier rumzuquatschen, sehen Sie nicht, dass ich Sie dringend brauche?*
Das können wir nachher machen.	*Dazu kommen wir nie mehr.*
Das habe ich Ihnen doch gegeben!	*Sieh zu, wo du es herkriegst.*
Das habe ich Ihnen aber gesagt.	*Ich bin ganz sicher, dass ich Ihnen das gesagt habe.*
downsizen	*Fertigungstiefe verringern, Mitarbeiterzahl runterfahren oder Betrieb verschlanken*
Eine Kleinigkeit müssen wir noch ändern.	*Alles noch mal neu, von vorn und nunmehr richtig...*
Fangen Sie schon mal ohne mich an.	*Ich komme, wenn Sie fertig sind.*
FAQ	*Eine Auflistung aller nur möglichen dämlichen Fragen, die dem Chef eventuell über ein Thema gestellt werden könnten, und die passenden Antworten, siehe auch Crash-Kurs.*
flache Hierarchie	*Außer mir hat hier keiner was zu sagen.*

Chef sagt	Chef meint
Feierabend	*Wieso, gibt es was zu feiern?*
Gewinn-warnung	*Heißt nicht etwa: Achtung, ihr müsst Steuern zah-zahlen, sondern kündigt den Aktionären Verluste an.*
Gibt es was Neues?	*Irgendwelche schlechten Nachrichten?*
Gleich!	*Lassen Sie mich bloß in Ruhe!*
Gut!	*Es reicht. Alternativ: Okay, fangen wir an.*
Hhm.	*Jetzt nicht. Bin mit meinen Gedanken ganz woanders. Aber wie ich Sie kenne, werden Sie mir das garantiert noch mal sagen.*
Hilfe!	*Ich habe meine Tasse umgeschmissen, und der Kaffee tropft auf meinen 2500-Euro-Anzug.*
Herzlichen Glückwunsch!	*Wie können Sie mir das antun?*
Heraus-forderung	*Die Kacke ist am Dampfen, und zwar heftig.*
Ist Post gekommen?	*Hat es böse Briefe, Aktennotizen, Mails, Rechnungen gegeben?*
Ja?	*Nein, ich will jetzt nicht gestört werden.*
Keine Gespräche durchstellen.	*Panik!*

Chef sagt	Chef meint
Key Account Manager	*Früher: Frühstücksdirektor, einer, der sich um die Verbesserung der Kundenbeziehungen kümmert.*
Komma	*(wird mitdiktiert und kommt immer da vor, wo es garantiert nicht gesetzt wird) Denk, grübel, Konzentration*
Könnten Sie mal kurz kommen?	*Beweg deinen Hintern hierher, Mädel, damit ich dir den Hals umdrehen kann.*
Lassen Sie's!	*Wenn Sie es bisher nicht geschafft haben, dann brauchen Sie sich jetzt auch nicht mehr zu bemühen, Sie Schnarchnase!*
Launch	*Hier gibt es weder was zu essen noch zu trinken, sondern nur ein neues Produkt auf dem Markt.*
Lesehilfe	*Zusammenfassung von zehn Zeilen in einen Satz*
Mahlzeit!	*Herr Gott noch mal, warum müssen Sie eigentlich immer so spät kommen, es ist gleich Mittag, und ich habe immer noch keinen Kaffee.*
Manual	*Heißt so, weil man da von Hand nachschlagen kann, wie irgendwas funktioniert. Allerdings bedarf es meist beider Hände, haben Bedienungsanleitungen doch selten unter 350 Seiten.*
MBA	*Früher reichte ein Dipl. oder Dr. – wer heute was auf sich hält, holt sich den Master of Business Administration.*
Meeting	*Neusprech für Sitzung, soll den Teamgeist spiegeln.*

Chef sagt	*Chef meint*
Memo	*Hört sich nicht ganz so bürokratisch an wie Akten-notiz, dennoch ist davon auszugehen, dass eine Kopie dieser netten kleinen Erinnerung irgendwo in den Akten aufbewahrt wird.*
Mir knurrt der Magen.	*Wollen Sie mich hier verhungern lassen? Los, schaf-fen Sie was zum Beißen ran.*
Mitbewerber	*Muss man sich gut mit stellen, da Mitbewerber potentiell die nächste Stufe auf der Karriereleiter sind. Im schlimmsten Fall steht die eigene Firma auf der Liste für eventuelle feindliche Übernahme durch den Mitbewerber.*
Negatives Wachstum	*Verlust*
Nullwachstum	*Stagnation*
Nur noch ...	*Stellen Sie sich schon mal gleich auf vier Über-stunden ein.*
Oh je!	*Sie Volltrottel, Sie Trampel, Sie Gehirnamputierte!*
outsourcen	*Die preiswerteste Art, überflüssige Mitarbeiter anständig loszuwerden*
Performance	*In jedem Fall eine negative Aussage. Gute Performance heißt: Blender. Schlechte Performance heißt: Kann sich nicht ver-kaufen.*
Punkt.	*So wird es gemacht und nicht anders, keine Wider-rede. Beschlossen und verkündet.*

Chef sagt	Chef meint
Problem	*Haben grundsätzlich die anderen, man selbst hat nie ein Problem, sondern steht vor einer Herausforderung. Neusprech: challenge.*
Q+A	*Wer dumm fragt, kriegt dumme Antworten*
Querdenker	*Spinner, Querulant, Wichtigtuer*
Qualitätsdichte	*gut und viel*
Ran!	*Jetzt aber auf die Arbeit mit Gebrüll, ich will Ergebnisse sehen!*
Relaunch	*Einen alten Hut mit neuer Krempe auf den Markt bringen*
schwarze Null	*Für das Finanzamt wurde kein Gewinn gemacht.*
So schnell wie möglich!	*Gestern!*
Soft Skills	*Super Erfindung von Managementtrainern, um ihre Seminare vollzukriegen.*
sexy	*Bringt Geld, Macht, Ansehen, Aufstieg*
später	*Will ich mich nicht mit beschäftigen, weg damit, aus meinen Augen.*
Schön!	*Mitnichten ein Lob. Heißt: Was wollte ich doch gleich noch mal von Ihnen?*
Synergieeffekt	*Seminar am Freitagvormittag in einem Wellnesshotel mit Golfplatz*

Chef sagt	Chef meint
Schönen Feierabend!	*Wenn Sie meinen, dass Sie jetzt gehen können ...*
Stammkneipe	*Fünf-Sterne-Hotel, in dem der Portier den Chef mit Namen anspricht*
traumhaft	*Ich stand im Mittelpunkt, war wichtig, wurde erkannt ...*
Und sonst?	*Gibt es irgendetwas, was ich vielleicht wissen sollte?*
Urlaub	*Urlaub ist nur für Loser. Der Unterton bei »macht Urlaub« hört sich an wie »macht krank«.*
Vielleicht könnten wir mal ...	*Nun machen Sie schon, aber ein bisschen plötzlich ...*
Viel Spaß!	*Wie schön für Sie, ein Privatleben zu haben.*
Verbinden Sie mich!	*Machen Sie mich wichtig!*
War was?	*Hat der oberste Chef angerufen?*
Wenn Sie mal Zeit haben ...	*Jetzt. Aber hoppla!*
Was gibt es Neues?	*Wer hat versucht, an meinem Stuhl zu sägen?*
Wo bleibt denn das?	*Maniküren Sie sich jetzt beim Tippen die Nägel?*

Chef sagt	Chef meint
Wo bitte ist …	*Und schon wieder haben Sie was verschlampt. Ich habe Ihnen das doch gegeben.*
Wir stehen vor einer großen Herausforderung.	*Die Kacke ist am Dampfen. Machen Sie sich schon mal auf Massenkündigungen gefasst.*
Wir	*Die idiomatische Redewendung* wir *kann im Chefgebrauch mehrere, durchaus gegensätzliche Bedeutungen haben: Wir müssen das erledigen heißt: Sie müssen das machen. Wir möchten … bedeutet: Ich will …, und: Wir werden … heißt: Stellt euch drauf ein, dass ihr ….*
Wochenende	*Sondergratifikation für Mitarbeiter, bestenfalls freiwillige Sozialleistung*
X	*Das tägliche Kreuz auf den Einladungskarten: Ja, ich komme in Begleitung von …*
x-mal drüber gesprochen	*Ich bin mir ziemlich sicher, dass ich Ihnen das gesagt habe, ehrlich!*
Yes, Sir!	*stereotype Laute beim Telefonat mit dem Oberboss*
zügig	*Wir sprechen hier nicht von D-Zügen, sondern vom Transrapid, verstanden?*
Zurück bin ich am Montag, den 12.	*Ich fliege am Montag in Honolulu los. Wann ich dann im Büro sein werde, können Sie sich selbst ausrechnen.*

5. Mein Gott, Chef! –
Eitelkeit und andere Spleens

Wir haben bereits festgestellt, dass die Zufriedenheit von Mitarbeitern ganz erheblich von der Wertschätzung abhängt, die ihnen entgegengebracht wird. Jeder Mensch dürstet nach Lob und Anerkennung, und so mancher feuchte Händedruck ersetzt ein gutes Gehalt. Je höher man auf der Karriereleiter klettert, desto seltener werden Lob und Anerkennung, die dem Mitarbeiter entgegengebracht werden. Ein gutes Gehalt, Gratifikationen, Incentives und Führungsverantwortung (sprich Macht) müssen reichen, um Spitzenmanager zu motivieren.

Dabei scheint der Wunsch nach Bedeutung für viele Chefs die Triebfeder zu sein, die sie zu Höchstleistungen anspornt. Und diese Bedeutung müssen sich viele Chefs tagtäglich selbst vor Augen führen. Oder um es deutlicher zu sagen: Es ist ein Phänomen, dass selbst supererfolgreiche, prominente Chefs geradezu grenzenlos eitel sind. Wer seinen Chef managen will, was mitunter natürlich auch ein bisschen Manipulation bedeutet, sollte seine Motivationen kennen. Hier sind sie also, die Spleens unserer Chefs.

Merkwürdige Berührungsängste

Kommen Sie doch mal, bitte. Klar, Chef, bin schon da, Chef. *Ich brauche Geld.* Ich auch, Chef. Aber das denken wir natürlich nur. Jeder normale Mensch muss dafür sorgen, dass er mit Bargeld ausgestattet ist. Chefs statten sich nicht mit Bargeld aus; Chefs lassen sich von ihrer Sekretärin ausstatten. Chefs gehen doch nicht wie ein Normalsterblicher an einen Geldautomaten, sie haben einfach Berührungsängste mit Geldautomaten und Bankschaltern. Wahrscheinlich haben sie nicht mal ihre Geheimnummer im Kopf.

Normale Chefs haben Geldtaschen, die so dick sind wie Kellnerbörsen und mindestens vier Pfund wiegen. Allerdings nicht wegen des vielen Kleingelds, das sie sonstwo entsorgen. In ihren Börsen stapeln sich die Quittungen der letzten vier Wochen, und die Kreditkarten wiegen schwer. Bargeld findet sich in diesen Geldbörsen selten, und wenn, dann nur in homöopathischen Dosen. Da man die Geldbörsen aber nicht bei sich trägt, weil sie den Brioni ausbeulen würden, fällt deren Gewicht eigentlich nicht ins Gewicht.

Das Einzige, wozu Chefs Bargeld brauchen, sind Trinkgelder. Da diese Trinkgelder natürlich auf Rechnungen gezahlt werden, die über die Firmenkreditkarte abgerechnet werden, muss das Bargeld auch aus der Firmenkasse kommen. Eine Logik, der man folgen kann.

Das Problem: Irgendwann müssen diese Vorschüsse auch mal abgerechnet werden. Spätestens, wenn die Bilanz erstellt wird, denn dann steht die Buchhalterin mit einem Darlehensvertrag in der Tür und will eine Unterschrift. Das kann Chef in diesem Moment gerade so nötig brauchen wie einen Kropf, und überhaupt, er hat doch dafür Quittungen reingegeben. Ja, aber...

Der Kampf der Buchhaltung mit dem Chef: *Wie soll ich etwas verbuchen, wenn Sie die Quittungen nicht beschriften? Woher soll ich wissen, ob das privat war?*

HIER IST ÜBERHAUPT NICHTS PRIVAT! MERKEN SIE SICH DAS!

Im Zweifel sind jetzt wir dran. Zunächst einmal, weil wir nicht dafür gesorgt haben, dass die Quittungen aus seiner Geldbörse herausgeholt wurden. Und weil wir diese Quittungen dann nicht nur nicht ausgefüllt, sondern sie auch nicht in die Buchhaltung gebracht haben.

Ja und dann kriege ich noch 330 Euro für Strafmandate von Ihnen, sagt die Buchhalterin und legt süffisant grinsend einen dicken Packen mit Anzeigen für Falschparken, zu schnelles Fahren, Überfahren einer roten Ampel etc. auf den Tisch.

Der Wutanfall ist programmiert. Denn natürlich sieht Chef nicht wirklich ein, dass er dafür privat löhnen muss. Schließlich ist sein Fahrer gefahren (die Anweisung *Los, geben Sie Gas, ich nehm's auf meine Kappe!* hat er längst vergessen), oder er selbst war im Interesse des Unternehmens am Wochenende mit dem Firmenwagen bei diesem dämlichen Golfturnier, zu dem er garantiert zu spät gekommen wäre, wenn er nicht ordentlich auf die Tube gedrückt hätte. Und dass er in zweiter Spur vor Karstadt parken musste, liegt schließlich auch nur daran, dass er in letzter Minute ein Weihnachtsgeschenk für seine Tochter kaufen musste, weil er so lange gearbeitet hatte. Und jetzt soll er das alles auch noch privat bezahlen! Die Welt ist ungerecht.

Kassieren Sie jede Woche von ihm zur gleichen Zeit die Quittungen ein und füllen Sie diese gleich aus. Dadurch ist zwar Unmut angesagt, aber man erspart sich großen Ärger.

Wie in der Steinzeit: Beute machen

Unsere Chefs verdienen weit mehr Geld als wir. Aber ob Vorstandsvorsitzender oder Steuerberater – sie sind alle verrückt nach Vergünstigungen. Und ist der Wurm noch so klein, den man ihnen mit einer Angel hinhält, sie beißen mit Begeisterung zu, und nicht wenige verlangen Nachschlag.

Wer jemals bei einer Unternehmensveranstaltung bei der Give-away-Ausgabe stand, wird das bestätigen können. Zettelblock mit Werbeeindruck umsonst? *Ja bitte, und haben Sie auch noch einen für meine Tochter?* Für schicke, durchsichtige Falttaschen im Wert von 15 Cent machen sich Vorstandsvorsitzende sogar gemein mit Kongresshostessen, die diese Falttaschen ausgeben. *(Was machen Sie eigentlich mit den Taschen, die übrig sind?)* Kein einziger Chef lässt jemals in einem Tagungshotel die Kugelschreiber bzw. Bleistifte liegen. Sekretärinnen berichten von Anweisungen von höchster Stelle, den gesamten Tagungsraum nach liegen gelassenen Kulis abzusuchen. Da es bei jedem Empfang, bei jedem Event ein Give-away gibt, sollte man meinen, dass Chefs bereits nicht mehr wissen, wohin mit den »wertigen« Kleinpreisartikeln mit begrenztem Nutzen. Aber nein, bei der nächsten Veranstaltung stehen sie wieder Schlange nach *Und darf ich Ihnen noch eine kleine Aufmerksamkeit mit auf den Weg geben?*

Halb Asien scheint von dieser Gier nach dem Sur Plus zu leben. Give-aways führen unsere Chefs zurück in die Steinzeit. Der Held bringt Beute mit in die heimische Höhle. Und dabei geht es nicht um den realen, sondern um den ideellen Wert eines Give-aways.

Ich bin dabei gewesen!

Bei einem gesetzten Essen anlässlich einer internationalen Minis-
terkonferenz verschwanden alle (!) KPM-Aschenbecher. Warum
wurden aber nur die Aschenbecher und nicht das Geschirr ge-
klaut? Die KPM-Aschenbecher trugen – im Gegensatz zum KPM-
Geschirr, auf dem selbstverständlich serviert wurde – einen sicht-
baren Aufdruck »Königlich-Preußische Porzellan Manufaktur«.
Man sah also auf den ersten Blick, dass Papa in Deutschland gewesen war. Da konnten selbst die Minister aus über 50 Ländern
nicht widerstehen.

Selbst die gutwilligsten Hotels haben inzwischen die Handtü-
cher und Bademäntel mit den eingestickten Logos abgeschafft.
Denn die waren begehrte Sammlerobjekte aller Geschäftsreisen-
den dieser Welt.

Jede Sekretärin, die jemals eine Unternehmensveranstaltung organisiert hat, kennt die verzweifelte Suche nach dem einen Stück
Give-away, das der wichtigste Kunde des Hauses leider hat stehen
lassen und deshalb unbedingt einen Ersatz braucht. Allerdings ist
dieser Ersatz so einfach nicht zu beschaffen (es sei denn, der eigene Chef rückt sein Ansichtsexemplar oder die vier für Freunde
auf die Seite gebrachten Exemplare raus – was eher unwahrschein-
lich ist), denn der batteriebetriebene Tischstaubsauger ist nur in
Gebinden von Minimum 500 Stück zu beziehen und hat eine Lie-
ferzeit von acht Wochen. Allerdings trägt der batteriebetriebene
Tischstaubsauger dann nicht das Logo, was ihn eigentlich wertvoll
macht. (Die Autorin musste ihr eigenes Musterexemplar eines
Tischstaubsaugers einmal einem Chef nach Indien nachschicken.)

Mit Vorliebe setzen Chefs zum Nachkarren ihre Sekretärinnen
ein. *Rufen Sie da an und fragen Sie, wo man so was bekommt.* Darü-

ber hinaus kennt jede Sekretärin das Funkeln in den Augen ihres Chefs, wenn er ihr zum Abschluss der Morgenbesprechung einen aus irgendeiner Zeitung rausgerissenen Coupon gibt: *Füllen Sie das für mich aus?* Genau, er braucht mal wieder eine neue Uhr (zum Golfen) oder Frauchen ein neues Kochtopfset (für das Ferienhaus) oder ein Kofferset (für den Sohn). Dafür abonniert das Unternehmen dann mindestens zehn Jahre lang (weil alle vergessen, das Abo abzubestellen) so unternehmensrelevante Zeitschriften wie GEO.

Im Falle von Give-aways ist die Sensibilität der Sekretärin höchst gefordert. Denn Anrufer, die irgendwas zu verkaufen haben, was niemand braucht, muss sie natürlich abwimmeln. Allerdings gilt es, zwischen den Zeilen auszuloten, ob die Anrufer irgendein Sur Plus anbieten, was den Chef interessieren könnte. Ansonsten lauert irgendwann der Anschiss: *Warum haben Sie mir davon nichts gesagt?*

Bei so einer Mentalität sind die Streitigkeiten bei der Sur-Plus-Vergabe natürlich vorprogrammiert. Wem stehen denn nun die Meilen zu? Dem Chef? Oder dem Mitarbeiter, der sie erfliegt? Oder dem Unternehmen, das den Flug bezahlt? Um Flugmeilen mussten sich Gerichte bemühen, Streit bis aufs Messer war in den Betrieben an der Tagesordnung. Meine Meilen, deine Meilen. Dabei geht es nicht nur um Freiflüge, sondern um den Kundenstatus.

Was man nicht kaufen kann

Je mehr Meilen, desto platinfarbener. Es geht um den Zutritt zu den Lounges auf den Flughäfen dieser Welt. Man fliegt grundsätzlich mit einer bestimmten Fluglinie in eine bestimmte Stadt, weil auf dem bestimmten Flughafen diese bestimmte Fluglinie eine absolut tolle Lounge hat. *Wieso haben Sie mich auf Canadian gebucht? Sie wissen doch, dass ich nach New York NUR mit Delta fliege.* Jetzt hilft es nichts *ja, aber* zu sagen. Das Argument, dass der Flug mit Canadian Airlines ein Drittel von Delta kostet, »gildet« nicht. Es »gildet« auch nicht, darauf hinzuweisen, dass der Anschlussflug nach Kanada vom gleichen Terminal aus gehen würde und man Chef diese elende Lauferei nicht zumuten wollte. Es »gildet« erst recht nicht, ihm zu sagen, dass Sie ihm sechs Stunden Wartezeit ersparen wollten. Eben darum wollte er ja mit Delta fliegen. Weil er in New York nun mal im *Crown Room* der Business Elite Lounge zu residieren pflegt. Weil Chefs sich nämlich in fremden Ländern verhalten wie Hunde. Da, wo sie schon mal das Bein gehoben und den Baum markiert haben, sind sie zu Hause. Er wartet lieber sechs Stunden in »seiner« Lounge als mit einer anderen Fluggesellschaft Meilen zu verschwenden, die er dringend braucht, um seinen Senator-, Ambassador-, President- oder Sonst-wen-Status zu erhalten, der ihm Zutritt zu genau diesen Lounges gewährt.

Nun soll sich niemand einbilden, dass diese Lounges ihre Exklusivität etwa aus ihrem Ambiente beziehen würden. Die Einrichtung ist genauso alt wie die Flugzeuge, das Geschirr ist genau das gleiche wie an Bord, und der Kaffee schmeckt genauso schrecklich wie im Flieger. Es gibt die gleichen Zeitungen und Zeitschriften, und die Stewardess ist auch nicht hübscher, nur garantiert verheiratet. Jedes Flughafenrestaurant ist witziger gestaltet und bietet bessere Verpflegung.

Es ist das Gefühl, zu dem absolut kleinen, aber feinen Kreis von Menschen zu gehören, die pro Jahr soundso viele Meilen zwischen USA und Good Old Germany verfliegen: Mitglied sein in einem exklusiven Zirkel. Dieses Gefühl kann man in keinem Laden dieser Welt kaufen, auch wenn man sich sonst alles kaufen kann. Es ist diese tolle, platinschimmernde Plastikkarte, die ihm zuflüstert: Du bist wer, du gehörst dazu. Und Sie wollen ihm das alles nehmen? Indem Sie ihn auf Canadian buchen?

Unsere Chefs sind also mit Kleinigkeiten korrumpierbar. Nicht wenige Chefs kassieren nicht nur die Meilen ihrer Mitarbeiter, sondern auch deren Weihnachtsgeschenke. Unter dem Vorwand, dass man nicht will, dass Lieferanten sich durch Geschenke bei den Mitarbeitern Vorteile erkaufen, werden Champagner- und Weinpräsente kassiert und sortiert. Der Dom Perignon kommt auf den heimischen Gabentisch, der Asti Spumante auf die Firmenparty.

Seine Gier nach dem Sur Plus und sein Bedürfnis, erkannt zu werden, zeigen uns, wie sehr Chef sich nach Anerkennung sehnt. Mit unserer Bewunderung oder deren Verweigerung können wir ihn steuern.

Das schönste Wort der deutschen Sprache – der eigene Name

Wer kennt sie nicht, die Filmbosse, die sich mit jedem Schauspieler ablichten lassen und sich nicht entblöden, diese Fotos auch noch hinter ihrem Schreibtisch aufzuhängen. Es ist, als ob sie sich täglich selbst zuflüstern müssten: *Schau her, ich hab's geschafft, ich bin wer.* Eigentlich geht jeder Mensch davon aus, dass der große Filmboss seine Schauspieler kennt. Offensichtlich braucht aber der große Filmboss für sich selbst einen Beweis, dass das Leben, das er führt, nicht nur eine Filminszenierung ist.

Dass ein Politiker den anderen kennt, darf man ebenfalls erwarten. Trotzdem zieren die Wände von hochrangigen Politikern Fotos von Treffen mit noch hochrangigeren Politikern. Denn natürlich gibt es immer jemanden, der noch berühmter, noch prominenter, noch erfolgreicher ist als man selbst.

Da ist der mächtige Vorstandsvorsitzende eines Mischkonzerns. Eine der Tochterfirmen stellt Joghurt her, und dieser Joghurt wird seit neuestem mit einer prominenten Schauspielerin beworben. Der Vorstandsvorsitzende besteht darauf, bei der Vertragsunterzeichnung mit dieser Werbeikone höchstpersönlich anwesend zu sein. Die hauseigene PR-Abteilung bietet das Foto von der Vertragsunterzeichnung den Medien wie Sauerbier an, und die Mitarbeiter beten, dass bitte, bitte irgendein Gesellschaftsblatt das Foto druckt. Sonst ist der Chef sauer. Der PR-Chef würde zum Alten zitiert werden und müsste sich rechtfertigen, warum er nicht mit dem Anzeigenvolumen des Konzerns gedroht habe.

Der mächtige Vorstandsvorsitzende erzählt nicht nur allen Freunden und Bekannten von seinem Treffen mit der berühmten Serienheldin, das er in den leuchtendsten Farben schildert, sondern nervt seine Sekretärin mit diesem Treffen bis zum Abwinken. Das geht von der Anweisung, für die Dame immer zu sprechen zu sein, bis hin zum Auftrag, ihr Geburtsdatum auszuspionieren, *damit ich gratulieren kann.*

Die Werbeikone wäre keine Werbeikone, hätte sie dieses Spiel nicht schon seit Jahren durchschaut. Deshalb hat sie, ohne mit der Wimper zu zucken, eine Führung durch die Hauptverwaltung des Konzerns absolviert, selbstverständlich unter fachkundiger

Leitung des Vorstandsvorsitzenden. Auch wir wurden mit einem freundlichen Nicken bedacht, als wir im Allerheiligsten den Kaffee servieren durften.

Dabeisein ist alles: Gesellschaftliche Veranstaltungen leben von der Eitelkeit der Bosse. Getarnt als Product Placement und geniale Marketingmaßnahme werden sogar öffentliche Gelder oder Gelder von Verbänden dafür ausgegeben, den einen oder anderen Chef bei gesellschaftlichen Ereignissen zum VIP zu machen und ihn in die Klatschspalten der Gesellschaftsmagazine zu bringen.

Warum sollten sonst Blumendekorationen oder Shuttlebusse gesponsert werden? Niemand verkauft eine Blume mehr, bloß weil der Zuschauerrang bei einem internationalen Tennisturnier oder die Wandelhalle bei einem Ball mit Rosen geschmückt ist. Aber der Sponsor bzw. der Chef des Unternehmens, das diese Dekoration bezahlt, hat Zugang zum VIP-Zelt oder VIP-Tisch. Und das allein ist die lächerliche Summe von 50 000 Euro wert. Oder nicht?

Warum sollte das Sommerfest eines öffentlich-rechtlichen Fernsehsenders von einem Getränkehersteller gesponsert werden – eine redaktionelle Berichterstattung über den tollen neuen Sommerdrink kann man sich damit nicht erkaufen. Aber den warmen Händedruck des Chefredakteurs, den der Chef irgendwann *meinen lieben, alten Freund* nennen wird. Und genau darauf kommt es beim Sponsoring an, die Logowände sind nur ein Vorwand. Es kommt darauf an, dass Chef die beste Loge beim Autorennen kriegt und ein VIP-Bändsel um das Armgelenk. Noch besser ist ein »Access-to-All-Areas«-Pass (den Chef im Zweifelsfall dem technischen Leiter abnimmt), mit dem er bei seinen Leuten angeben kann. Es kommt darauf an, dass Chef so platziert wird, dass jeder sieht, wie wichtig er ist.

Ein ganzer Wirtschaftszweig lebt davon, dass es Chefs gibt, denen keine Ausgabe zu hoch ist, um Zutritt zu der Welt der Schönen, Reichen und Berühmten zu haben. Diesen Zutritt kann man in keinem Geschäft der Welt kaufen. Man muss entweder schön, berühmt oder reich sein, um dazuzugehören. Oder über ein ausreichend großes Werbebudget verfügen. Das nennt man dann Macht.

Eine Menge PR-Menschen alpträumen von diesen Veranstaltungen, bei denen ihre einzige Aufgabe darin besteht, dafür zu sorgen, dass im richtigen Moment die richtigen Fotografen an der richtigen Stelle stehen, richtig auf den Auslöser drücken und auch die Bildunterschrift mit dem richtigen Namen versehen. Ist Chef in der nächsten *BUNTEN* oder *GALA* zu bewundern, war die Sponsoringaktion ein voller Erfolg.

Wenn nicht, muss eine neue Kampagne, sprich eine neue Agentur, her. Die dafür sorgt, dass Chef das schönste Wort der deutschen Sprache in den Medien lesen darf: den eigenen Namen. Bis dahin ertragen wir seine schlechte Laune, weil er sich absolut unter Wert verkauft fühlt.

Man kann Eitelkeit für einen Charakterfehler halten: Nur Menschen, die etwas bewirken wollen, werden Chefs. Es kostet uns ein Lächeln, seine Kontakte zu bewundern, und nur eine kleine Notlüge, dass es absolut wichtig war, dass er seinen Sonntag für diese unsägliche Veranstaltung geopfert hat.

Reden: Bedeutung in Minuten

Jeder kennt sie: diese Veranstaltungen mit nicht enden wollenden Reden. Niemand hört zu, denn jeder weiß, dass das, was dort auf dem Podium gesagt wird, genauso inhaltsschwanger ist wie ein chinesischer Glückskeks. Aber schließlich geht es ja auch gar nicht darum. Es geht einzig und allein um die Redezeit. Denn diese Zeit ist Prestige.

Wer nach oder vor wem wie lange reden darf, ist ein äußerst sensibles Konstrukt protokollarischer Fingerfertigkeit. Bei sechs Rednern in einer Veranstaltung kommt da schon einiges an Prestigesprengstoff zusammen. Wer fängt an, wer kündigt an, wer kommt von welcher Seite auf die Bühne (was auch bedeutet: wer sitzt auf welcher Seite – was wiederum heißt, wer sitzt auf der Seite, die die Fernsehkameras erfassen können) – all das sind Fragen, mit denen sich erwachsene Menschen monatelang beschäftigen, bevor Chef gemessenen Schrittes zum Podium gehen darf. Dabei interessiert weder die geladenen Gäste noch die eventuellen Fernsehzuschauer, wer wann was sagt, außer es gibt ein gesetztes Essen, und das Knurren der Mägen der Gäste ist lauter als der Applaus.

Jede Rede, die täglich in Deutschland auf den Tausenden von Veranstaltungen gehalten wird, ist deshalb ein Eiertanz auf der mikroskopisch kaum wahrnehmbaren Grenze zwischen Zumutung und Körperverletzung. Niemand nimmt Rücksicht auf die geladenen Gäste, die sich bei diesen nicht enden wollenden Reden regelmäßig fragen, was sie eigentlich verbrochen haben, dass sie als Claqueure anheuern müssen. Und das auch noch für Redner, denen ein Crashkurs »*Reden, aber richtig: Wie man Zuhörer gewinnt*« unbedingt ans Herz gelegt werden sollte. Das größte

Problem an solchen Redemarathonveranstaltungen: das, was es zu sagen gibt, würde ein guter Texter in drei knappen Sätzen zusammenfassen können. Der gute Texter allerdings ist davon heillos überfordert, diese knappen drei Sätze so zu dehnen, dass daraus Reden für den kaufmännischen Geschäftsführer *(Willkommen, meine Damen und Herren!)*, den Vorstandsvorsitzenden (20 Minuten), den Deutschlandchef (15 Minuten) und den technischen Geschäftsführer *(Das Büfett ist eröffnet!)* werden.

Da es üblich ist, zu größeren Veranstaltungen schmückendes Beiwerk und Hofnarren zur Auflockerung zu laden, kann man davon ausgehen, dass auch KanzlerIn oder Minister und der Ministerpräsident einiges zum Thema beizutragen haben. Die haben jedoch jeweils einen eigenen Texter, so dass sich die Reden vom Vorstandsvorsitzenden und dem Herrn Minister gleichen wie ein Ei dem anderen, das Gleiche gilt für den Deutschlandchef und den Ministerpräsidenten. Deshalb muss der Vorstandsvorsitzende auch unbedingt vor dem/der KanzlerIn reden, damit niemand bei seiner Rede einschläft. (Sollte statt KanzlerIn nur ein Minister kommen, wird selbstverständlich der Vorstandsvorsitzende sich diese zweitklassige Veranstaltung sparen und seinen Finanzvorstand schicken!)

Schauen wir uns einmal an, was unseren Zuhörern da gerade zugemutet wurde: Begrüßung durch den Geschäftsführer: 10 Minuten, 20 Minuten Vorstand, 20 Minuten KanzlerIn, 15 Minuten Deutschlandchef, 15 Minuten Ministerpräsident, 10 Minuten launiges Überleiten zum inoffiziellen Teil durch den zweiten Geschäftsführer macht summa summarum 90 Minuten Reden, die man in drei wunderbar knackigen Sätzen zusammenfassen könnte. Dass niemand von den Geladenen aufsteht und laut *Jetzt reicht's aber* ruft, liegt ausschließlich daran, dass unsere Chefs sich selbstverständlich auch durch die Einladung zu solchen Events definieren. *Man muss dahin, Gesicht zeigen, Figur machen.* Wehe, man kriegt keine Einladung. Schon wird die Sekretärin verdächtigt, die Einladung einfach weggeschmissen zu haben. Bei wie vielen Firmen Chef auf der VIP-Liste steht, ist für ihn genauso ein Statussymbol wie die Klasse des Autos, das die Firma ihm zur Verfügung stellt.

Deshalb lassen sich Chefs bei Veranstaltungen auch mit bunten Bändchen auspreisen wie Ochsen bei der Fleischbeschau. Denn das bunte Bändchen um sein Handgelenk weist ihn als Mitglied eines höchst bevorzugten Zirkels (neudeutsch: Very VIP) aus: Entweder darf der Bändselträger in die Vorstandsetage und auf dem persönlichen Klo vom CEO pinkeln, oder er darf zwischen der Operndiva (Hofnärrin) und dem Werksarzt (weil immer ein Arzt dabei sein muss, wenn Very VIPs zusammenkommen) am Tisch sitzen und bekommt das serviert, was gewöhnliche VIPs sich vom Büfett holen müssen. Auf jeden Fall weist das Bändsel am Ärmel jede Hostess, die unserem Chef in die Quere kommt, darauf hin, dass sie auf Teufel komm raus zu lächeln hat.

Je höher jemand in der Hierarchie angesiedelt ist, desto seltener werden Lob und Anerkennung. Eine gute Platzierung in der gesellschaftlichen Hierarchie ist für Chef das, was für uns ein feuchter Händedruck und ein Lob für gute Leistungen ist.

An der Platzierung bei so einer Veranstaltung kann jeder seinen eigenen Marktwert ablesen. Meistens zumindest, denn das größte Problem für Protokollchefs ist, dass es nicht nur die ersten beiden

Reihen gibt und manchmal viel zu viele Sicherheitsleute, die dringend hinter ihrem Chef sitzen müssen. Man hat schon von erbosten Bossen gehört, die laut schimpfend Veranstaltungen verlassen haben, weil sie ihrer Meinung nach zweitklassig platziert waren. Was firmenintern nach so einem spektakulären Abgang los ist, mag man sich gar nicht vorstellen. Da wird der Protokollchef höchst eigenhändig dafür gehängt, dass der Saal vor hundert Jahren nicht 40 Zentimeter breiter gebaut worden ist.

Die Lust an der Last

Unsere Chefs müssen sich jeden Tag selbst bestätigen, dass sie es zu etwas gebracht haben, dass sie etwas Besonderes sind, dass sie wichtig sind. Es ist, als ob sie sich selbst nicht glauben würden, dass sie etwas darstellen. Deshalb benötigen sie die platinfarbenen Plastikkarten, die Bändsels und die Sponsoring-Etats. Aber irgendwann einmal hat jeder Chef Feierabend, auch wenn Chef selbst glaubt, dass das auf alle außer ihn zutrifft. Irgendwann geht Chef privat in ein Restaurant, in einen Laden, in ein Konzert. Als normal denkender Mensch müsste man annehmen, dass jeder Chef von so viel Anspannung beim »Figurmachen«, beim »Gesichtzeigen« ein geradezu unstillbares Bedürfnis nach alternativer Freizeitgestaltung hat. Dass Chefs geradezu verrückt sein müssten nach gemütlichen Abenden beim Puschenitaliener oder einsamen Sonntagnachmittagen, die man mit einer Angel bewaffnet auf einer Brücke verbringen kann, während man der Natur ihren Lauf lässt.

Aber weit gefehlt: Die Anzahl der Chefs, die ihre Abende beim gemütlichen Puschenitaliener verbringen oder irgendwas in der

Natur wahrnehmen, ist absolut begrenzt. Man übernachtet auch immer im gleichen Hotel (man hat von Chefs gehört, die das Kempinski ihre Stammkneipe nannten), um bloß nicht unerkannt am Frontdesk vorbeizukommen. Und wenn abends keine Veranstaltungen sind, auf denen man qua Amtes wichtig ist, muss man sich Veranstaltungen suchen, auf denen man wichtig wird. Das bedeutet: Man engagiert sich privat bei den Lions oder den Rotariern und übernimmt am Wochenende noch ein prestigeträchtiges Amt im Golf- oder Tennisclub. Man geht nicht einfach in die Oper, sondern engagiert sich beim Freundeskreis der deutschen Oper oder der Nationalgalerie oder des örtlichen Zoos. Was natürlich dazu führt, dass man bei den regelmäßigen Einladungen wiederum VIP-Status hat. Immer noch besser als Puschenitaliener: Wie ärgerlich, wenn der Patrone nicht da ist und der Aushilfskellner unseren Chef nicht als den Stammgast erkennt und behandelt wie einen, der den ganzen Laden finanziert.

Glauben Sie niemals einem Chef, der angeblich vom einfachen Leben auf dem Lande träumt. Nach einer Woche würde er sich zum Bürgermeister wählen lassen! Chef mag noch so sehr unter der Last seiner vielen Ämter ächzen, viel schlimmer für ihn wäre es, als Nobody durch die Gegend zu laufen.

Um Chef zu managen, muss man ihn manchmal ein wenig manipulieren. Die Angst, ein Nobody zu sein, kann man immer dann nutzen, wenn man Chef dazu bringen will, irgendetwas zu tun, wozu er eigentlich keine Lust hat.

6. Chefneurotiker –
die Macken der Macher

Alle Schweine sind gleich. Manche Schweine sind gleicher. Dennoch: Auch Chef ist nur ein Mensch, und hinter gepolsterten Türen menschelt es scheinbar ganz besonders. Hört man sich im Kolleginnenkreis um, bekommt man den Eindruck, dass kaum eine andere Spezies so von Neurosen bedroht ist wie unsere Chefs. Jeder scheint eine Macke zu haben oder, wie eine Kollegin es etwas gespreizt, aber absolut zutreffend ausdrückt: *Sie versagen gegenüber den Reifungsanforderungen des Lebens.* Oder ist das wie mit dem Splitter im Auge?

Die Zwanghaften

Selbst die akribischsten Mitarbeiter stehen bei Zwanghaften permanent unter Strom. Denn so ordentlich, wie Chef es haben will, geht es im normalen Leben leider nie zu. *Wo gehobelt wird, fallen Späne?* Dieser Chef erwartet, dass beim Hobeln bereits die Späne abgesaugt werden, damit nicht ein Stäubchen auf den blitzblanken Boden sinkt. Und wehe, der Schreibtisch ist nicht allzeit aufgeräumt. Was dazu führt, dass ein Teil der Arbeitszeit im Verstauen und Wiederhervorholen der Arbeitsunterlagen draufgeht. Nun hat man als Mitarbeiter bis zu einem gewissen Grad durchaus Verständnis für den Ordnungssinn vom Chef. Schließlich steht die Bürotür offen, und natürlich will er nicht, dass irgendetwas auf dem Schreibtisch rumliegt, das unbefugte Augen beim Betreten des Zimmers sofort sehen können. Allerdings kommen auch der gutwilligsten Sekretärin schnell Zweifel an der Normalität seines Verhaltens, wenn sie sieht, dass er jedes Mal, wenn er an ihrem Schreibtisch vorbeigeht, den einzigen auf dem Tisch liegenden Kugelschreiber oder die gerade benötigte Schere parallel zur Tischkante ausrichtet.

Diesen Chef kann man mit einem Tablett, das man auf seinen Schreibtisch an die falsche Stelle stellt, komplett aus der Fassung bringen. Er leidet wirklich körperlich. Ein nicht gerade ausgerichteter Stuhl, ein nicht exakt nach DIN-Norm geschriebener Brief, und der Zwanghafte geht hoch wie Popcorn. Er hängt sich an Kleinigkeiten auf, Unwichtiges wird zum Mittelpunkt des Universums, und jede wirkliche Leistung der Mitarbeiter verblasst, wenn er zufällig über irgendeinen Krümel stolpert. Er ist davon überzeugt, dass seine Welt ohne seine Kontrolle und ohne seine Korrekturen sich nicht dreht.

Merke: Wir sind nicht Sigmund Freud. Beim Zwanghaften hilft nur eins: Man nehme seine Macke mit Humor und bringe ihn ab und zu dazu, über sich selbst zu lachen. Fürs Therapieren werden wir nicht bezahlt und sind wir nicht ausgebildet.

Das größte Problem des Zwanghaften: Es wird eine Menge Arbeitszeit für Petitessen verschwendet, und Mitarbeiter verlieren die Lust an der Leistung. Lachen hilft, manchmal. Denn natürlich weiß der Zwanghafte durchaus um seine Macken und versteht nicht, warum andere nicht auch darüber lachen können.

Die Zwanghaftigkeit hat viele Facetten. Da gibt es Chefs, bei denen muss man mit Pelzmantel ins Büro gehen, weil sie ständig Angst haben zu ersticken und von morgens bis abends lüften, wobei sich die Raumtemperatur im Winter bei zehn Grad einpendelt.

Der Paranoiker

Chefs, die darauf Wert legen, dass der Schreibtisch in ihrem Vorzimmer immer blank geputzt ist, glauben nicht selten, dass genau dieser Schreibtisch die undichte Stelle »nach draußen« ist. *Ein Schwein, wer Schlechtes dabei denkt?* Natürlich ist es unbestritten, dass die Luft nach oben dünner wird. Mit den berühmt berüchtigten Soft Skills allein macht niemand Karriere, der Konkurrenzkampf unter all den netten Jungs mit den gut sitzenden Anzügen und den Mädels mit den scharfen Nadelstreifenkostümen wird oft bis aufs Messer und absolut unter der Gürtellinie geführt.

Der Grad zwischen Vorsicht und paranoidem Verhalten ist schmal. Fängt die Zwanghaftigkeit nun bereits bei der Order an, den Schreibtisch immer abzuschließen, sobald man das Zimmer verlässt, oder ist erst das ausgerissene Haar in der Schreibtischschublade am Abend paranoid? Paranoide Chefs fühlen sich ständig bedroht. Deshalb bauen sie vor: Da wird Mitarbeitern hinterhergeschnüffelt, da werden Schreibtische durchwühlt und »Umgangsverbote« ausgesprochen. Dass man mit der Sekretärin des Personalchefs wirklich nur Kochrezepte austauscht, kann sich so ein Chef nicht vorstellen.

Leider wird ihre Paranoia oft Wirklichkeit. Sie nerven die Menschen in ihrer Umgebung dermaßen mit ihren Ängsten, dass diese sich irgendwann rächen.

Einen Paranoiker erkennt man daran, dass er niemals etwas Persönliches von sich gibt. Er wirkt derartig arrogant, dass man ihn mitunter am liebsten schütteln möchte. Er versucht der Welt jede Möglichkeit zu nehmen, ihn zu verletzen. Paranoiker vermitteln den Eindruck, dass sie absolut perfekt sind.

Ein Paranoiker ist nie müde, nie faul, nie krank, weiß nie nicht weiter, zögert und zaudert nicht, kennt alles und jeden. In Gegenwart eines paranoiden Chefs fühlt sich nicht nur seine Sekretärin wie Maria Magdalena. Am liebsten möchte man bei einem solchen Chef schon morgens beim Betreten des Sekretariats schreien: *Oh Herr, ich habe gesündigt, bitte vergib mir.* So rein prophylaktisch. Denn irgendeine Sünde wird er schon finden. Auf die wir dann mit hochgezogener Augenbraue und Gletschereis in der Stimme hingewiesen werden. Natürlich dient das alles zur Abwehr von Kritik, die ein Paranoiker noch weniger verträgt als jeder andere. Kritik perlt außen von ihm ab, als ob er mit Babyöl eingerieben wäre, obwohl sie ihn innerlich zerreißt. Er hat ein Gedächtnis wie ein Elefant. Noch nach zehn Jahren kann ein paranoider Chef die kleinsten Verfehlungen bei Bedarf aus der Mottenkiste zuppeln. Er hält sein Verhalten übrigens für normal.

Wer unter ihm überleben will, sollte sich ein kleines Arsenal von Zeugnissen seiner Verfehlungen aneignen. Denn natürlich produziert auch der Paranoiker eine Menge Mist. Falls der Chefneurotiker irgendwann meinen sollte, dass Sie für ihn zur Bedrohung werden, macht es sich fantastisch, den einen oder anderen Beleg seiner Verfehlungen hervorzuzaubern. Da der Paranoiker niemals seine schwache Seite zeigt, sollte man ihm auch keine Steilvorlagen liefern, er wird sie ausnutzen. Für das Menschliche benötigt man als Sekretärin irgendeinen anderen Bezugsmenschen im Büro, bei diesem Chef spielt man besser Roboter.

Niemals eine Steilvorlage liefern. Wer bei einem Paranoiker überleben will, braucht erstens jemand anderen in der Firma, bei dem man Mensch sein darf, und zweitens eine Asservatenkammer mit Beweisstücken seiner Verfehlungen, damit man nicht irgendwann Opfer seiner Paranoia wird.

Der Narzisst

Der Narzisst ist nur aus einem Grund Chef geworden: seinem Bedürfnis, im Mittelpunkt zu stehen. Er ist so eitel, dass es wehtut. Neben ihm hat keiner was zu melden: Bei Sitzungen gilt nur seine Meinung, was nicht heißt, dass diese nicht auch von einem Mitarbeiter geäußert werden darf. Der Narzisst legt sich im Laufe seines Berufslebens einen Kordon von loyalen Mitarbeitern zu, die ihn spiegeln, seine Bedürfnisse im Voraus erahnen und diese klaglos erfüllen. Da ist die Sekretärin, die dafür sorgt, dass er immer und überall in der ersten Reihe sitzt. Da steht eine ganze Presseabteilung kurz vorm Selbstmord, wenn sein Name in der Zeitung falsch geschrieben wurde.

Der Narzisst macht so geschickt Druck auf andere, ihn zu exponieren, dass sie das Gefühl haben, versagt zu haben, wenn er nicht exponiert wurde. Der Chefnarzisst will selbstverständlich auf jedem Foto und jeder Firmenberichterstattung im Fernsehen zu sehen sein.

Da werden Pfadfinder als Vorhut in die Welt geschickt, um die richtigen Fotohintergründe zu finden, vor denen er sich inszenieren kann. Sie suchen Rückzugsplätze aus, falls er indisponiert sein sollte, sie betätigen sich als Vorkoster, damit Chef das Richtige zu essen und zu trinken bekommt.

Da werden bei Veranstaltungen über Nacht Mitarbeiterklos in abhörsichere Besprechungsräume mit der Ausstattung eines 5-Sterne-Hotels umgebaut, da werden ebenfalls über Nacht Auffahrten asphaltiert, Aufzüge oder Treppen gebaut, damit den Schuh des großen Manitu nicht ein Stäubchen verunziere.

Die Pfadfinder testen jedes Mikrofon und jedes Stehpult, ob es die richtige Höhe hat. Bundeskanzler Helmut Kohl hatte eine eigene Sitzprüferin, die als Vorhut jede Veranstaltung besuchte und die Sitzgelegenheiten probesaß, nachdem sie mit einem Maßband die Sitzgröße nachmaß und mit tadelnder Stimme sagte: *Es ist mir egal, ob diese Stühle für Sumoringer angeschafft wurden, dieser Stuhl jedenfalls ist für den Bundeskanzler einen Zentimeter zu kurz.*

Selbstverständlich tritt der Chefnarzisst hinterher so auf, als wäre ihm alles recht.

Natürlich stellen Narzissten nur Ja-Sager ein, aber auf Dauer haben sie nur Respekt vor Nein-Sagern. Wie sagte das Oberekel Henry Ford so schön: *Ich verlange von jedem, der für mich arbeitet, dass er mir seine ehrliche Meinung sagt. Wenn sie der meinen widerspricht, kostet ihn das zwar den Job, aber immerhin hat der Mann meine Anerkennung.*

Wer unter einem Narzissten Karriere machen will, muss lernen, vor Publikum dem Chef gegenüber untertänigst das Haupt zu neigen und ihm bei geschlossener Tür die Meinung zu geigen. Eine Sekretärin, die gelernt hat, seine Eitelkeit stumm zu nutzen und verbal zu streicheln, hat beim Narzissten eine absolut krisensichere Position, er wird sie auf dem Weg nach oben mitnehmen.

Narzissten sind keine Egomanen. Man kann ihnen durchaus widersprechen, allerdings niemals vor Publikum. Wer es versteht, ihrer Eitelkeit zu schmeicheln, den nehmen sie mit auf ihrem Weg nach oben.

Der Choleriker

Oh ja, es gibt sie noch: die Führungskräfte mit Tobsucht. Im Gegensatz zum durchschnittlichen Menschen, den ab und zu auch mal die gnadenlose Wut packt, hat der Choleriker (weibliche Form: Hysterikerin) nach einem Tobsuchtsanfall absolut kein schlechtes Gewissen, sondern fühlt sich wie ein Sommerabend nach einem Gewitterregen. Er kann das gesamte Mobiliar zu Brennholz verarbeiten – der Choleriker sieht keine Alternative zu seinem Verhalten.

Er schmeißt Computer aus dem Fenster und Bücher nach seiner Sekretärin und fühlt sich absolut im Recht. *Wieso wollen Sie kündigen, ich habe das Buch schließlich an die Wand und nicht an Ihren Kopf geworfen?*

Nach zwei Stunden hat der Choleriker vergessen, dass er laut geworden ist. Er hat ja wieder blendende Laune, ist ja alles gut jetzt, *möchten Sie ein Stück Schokolade?*

Das Einzige, was bei einem Chefkoller hilft: Ignorieren. Allein tobt es sich nicht besonders gut. Wer sich auf das Gebrüll einlässt und zurückbrüllt, wird bei diesem geübten Schreihals sowieso den Kürzeren ziehen. Also Augen auf und durch. Anschauen, erkennen, zurückziehen.

Was der Choleriker am meisten hasst, ist Schattenboxen. Dabei kann er seine Wut einfach nicht befriedigen. Er haut sozusagen ins Leere. Mit einem Choleriker (oder einer Hysterikerin) kommt man prima klar, wenn man die Kunst der Ignoranz entwickelt hat. Denn einen Vorteil haben Menschen mit Tobsucht: Man weiß genau, woran man ist. Wenn ihnen etwas gegen den Strich geht, werden sie laut. Schreihälse sind eindeutig. Danke, verstanden.

Lassen Sie Ihren cholerischen Chef ruhig toben und gehen Sie derweil in Deckung: Das ist seine Art von seelischer Hygiene. Wenn er sich müde getobt hat, ist alles wieder gut. Freuen Sie sich darüber, dass Sie bei ihm wenigstens genau wissen, wenn ihm etwas nicht passt.

Der Beziehungskrüppel

Die meisten Chefneurotiker zeigen häufig mehrere Symptome einer im übrigen behandlungsbedürftigen, schizoiden Neurosenstruktur.

Viele sind empfindlich und unberechenbar im Kontakt mit anderen, deren Nähe sie als gefährliche Belastung beziehungsweise als Verletzung ihrer Schutzdistanz empfinden (wie zum Beispiel der narzisstische Vorstandsvorsitzende, der zwar immer und überall auf die Fotos will, aber einen Tobsuchtsanfall bekommt, wenn ein Fotograf näher als vier Meter an ihn herankommt).

Trotzdem haben auch Chefneurotiker ein Bedürfnis nach Nähe. Da sie gern aus ihrer Isolierung herauswollen, sind sie gefühlsmäßig ständig hin- und hergerissen. Einerseits sind sie übervorsichtig bis misstrauisch, anderseits sind sie empfindlich gegenüber Zurückweisungen und vermeintlich herabsetzender Behandlung. Da sie ihre Kontaktwünsche nicht richtig dosieren können, sind gerade ihre engsten Mitarbeiter ihren distanz- und kritiklosen Annäherungsversuchen hilflos ausgeliefert. Auf der anderen Seite frustrieren sie uns mit abruptem Rückzug und stoßen uns mit diesen Schutzaktionen vor den Kopf. Häufig kommt eine unrealistische Wahrnehmung dazu. Viele Sekretärinnen haben das Gefühl, emotional ständig zwischen Sintflut und Sahara zu pendeln.

Chefneurotiker sind sich der Gefühle anderer nicht sicher, das erklärt auch so manche unberechenbare Reaktion. Viele haben ein tiefgreifendes Bedürfnis nach Bewunderung, was aber meist mit einem erstaunlichen Mangel an Einfühlungsvermögen einhergeht, oder anders ausgedrückt: Je mehr Chef bewundert werden will, desto weniger ist er bereit, die Leistungen anderer anzuerkennen.

> **Bei diesem Chef die richtige Mischung** zwischen Nähe und Distanz zu finden, ist nicht leicht. Überlassen Sie ihm die Führung und wundern Sie sich über nichts. Wenn Sie selbst die Initiative ergreifen, werden Sie immer in irgendein Fettnäpfchen treten.

Der Größte

Einige Chefneurotiker, insbesondere die geborenen Chefs, halten sich selbst für absolut großartig und haben ein ausgeprägtes Gefühl der eigenen Wichtigkeit. Natürlich erwarten sie, unabhängig von jeder Leistung immer und überall als überlegen anerkannt zu werden.

Sie sind erfüllt von Fantasien von grenzenlosem Erfolg, Macht, Glanz oder Besitz. Sie halten sich für etwas Besonderes qua Geburt und sind fest davon überzeugt, einzigartig zu sein. Viele Chefneurotiker meinen, nur von anderen ganz besonderen Menschen (oder Organisationen) verstanden zu werden oder eben nur mit solchen verkehren zu können, was die Sammlung berühmter Namen an der Wand erklärt.

Sie verlangen ständige Bewunderung und stellen an andere ziemlich hohe Ansprüche. Vorzugsbehandlung wird vorausgesetzt und wehe, andere erahnen nicht automatisch seine Wünsche und erfüllen nicht seine völlig überzogenen Erwartungen.

Im zwischenmenschlichen Bereich sind viele die geborenen Ausbeuter, sie nutzen andere gnadenlos aus, um die eigenen Ziele zu erreichen. Es fehlt ihnen nicht an Empathie, sondern sie sind einfach nicht willens, Gefühle oder Bedürfnisse anderer zu erkennen, da sie diese als den ihren nicht gleichwertig ansehen. Dennoch sind sie häufig neidisch auf andere und glauben, dass andere ebenfalls neidisch auf sie sind, was zu einer arroganten, überheblichen Verhaltensweise führt.

> **Glückwunsch, wenn Sie für Gott Vater arbeiten dürfen.** Er hält Sie für fähig, seinen hohen Ansprüchen zu genügen. Dabei ist es sogar relativ leicht, ihn zufrieden zu stellen: Sie müssen ihm nur ständig das Gefühl geben, dass er etwas ganz Besonderes erhält.

Von Psychosomaten und anderen Kranken

Gibt es auf Vorstandsetagen eigene Toiletten für die Führungsriege, weil man dem Vorstandsvorsitzenden nicht zumuten kann, dass er sich auf die gleiche Brille setzt wie etwa sein Finanzvorstand? Ganz bestimmt nicht. Die eigenen Toiletten gibt es, damit der Vorsitzende nicht mitkriegt, dass der Finanzvorstand chronischen Durchfall hat, und der Marketingvorstand nicht merkt, dass der Vorsitzende sich ständig übergeben muss.

Nicht wenige Führungskräfte bezahlen ihre Stellung mit ihrer Gesundheit. Während früher der durchschnittliche Manager kurz vor seinem fünfundvierzigsten Geburtstag einen Herzinfarkt erlitt, scheint diese Krankheit heute eher Busfahrer zu ereilen als unsere Führungskräfte. Was wahrscheinlich daran liegt, dass Rauchen politisch unkorrekt geworden ist und jemand, der es noch weit bringen will, kräftig an seiner Kondition arbeitet.

Dafür verstecken unsere Manager alle möglichen Symptome von psychosomatischen Beschwerden. Was eigentlich für sie spricht, denn nur Menschen, die total abgestumpft sind, geht nie etwas an die Nieren. Der Reizmagen oder der Reizdarm gehören da quasi zum Standard. Natürlich hat sich Chef nicht bis aufs Blut geärgert, sondern sich an der Currywurst von der Bude an der Ecke den Magen verdorben. Diese ständigen Flüge in exotische Länder sind ja bekanntlich auch Gift für die Darmflora, und das Grünkohlessen mit dem Minister beschert ihm für Tage einen Blähbauch.

Als Sekretärin hört man sich die abstrusesten Geschichten über irgendwelche Keime, Viren und Bakterien an, obwohl man jede Wette abgeschlossen hätte, dass Chef Tage vor der Aktionärsversammlung mal wieder unter heftigen Bauchkrämpfen leiden würde, und fragt sich, ob die Helden zu Hause ihren Ehefrauen auch solchen Quatsch versuchen weiszumachen.

Erstaunlicherweise versuchen Chefs niemals, ihre Bauchschmerzen mit Kamillentee zu betäuben. Chefs kennen nur ein einziges Heilmittel für ihre Bauchschmerzen, und das heißt Vergessen. Wenn sie also abends nach Hause kommen, dann greifen sie zu kleinen Hilfsmitteln, um den Ärger, der in ihrem Bauch rumort, zu vergessen. Dabei unterscheiden wir drei verschiedene Typen:

Der Genießer

Der Genießer freut sich darauf, am Abend nach einem langen, ärgerlichen Arbeitstag endlich ein schönes Tröpfchen zu seiner Entspannung zu trinken. Kaum hat er die Haustür hinter sich geschlossen, hält er auch schon einen Korkenzieher in der Hand – wobei sich die Genießer in die Rotwein- und in die Weißweinfraktion aufteilen, manche nehmen vorher noch einen Apéritif. Die Wahl des Weines hat nichts mit der Art des Essens zu tun, und auch der Apéritif soll nicht appetitanregend sein, Hauptsache, er entspannt schnell. Im Zweifel lassen Genießer sogar aufgrund der heftigen Magenbeschwerden das Essen ausfallen, niemals aber das Weinchen zur Entspannung, das selbstverständlich von so erstklassiger Qualität ist, dass die Gerbsäure die Magennerven nicht noch zusätzlich reizt.

Natürlich geriert sich dieser Typ als Weinkenner und Genießer, das heißt, er betreibt ziemlich viel Kult um seine tägliche Flasche Wein, der vor allem der Verschleierung dient. Natürlich glaubt der Genießer selbst ganz fest daran, dass er aus Freude am Genuss trinkt. Niemals würde er sich selbst als Alkoholiker bezeichnen, Alkoholiker sind die mit der Flasche in der Schreibtischschublade. So weit wird es beim Genießer nie kommen, dazu hat er viel zu viel Selbstdisziplin.

Den Genießer erkennt man übrigens daran, dass er bei Firmenfeierlichkeiten eine ganze Menge verträgt, ohne kariert zu gucken oder seine Zunge im Schlepptau hinter sich herzuziehen. Genießer erkennt man auch daran, dass sie morgens ziemlich häufig schlechte Laune haben, was vor allem daran liegt, dass es am Vorabend dann mal »ausnahmsweise« zwei Fläschchen geworden sind. Oder die Magenschmerzen gar zu arg geworden sind und der Genießer zu Papas altem Hausmittel gegriffen hat: *Ein Schnäpschen in Ehren kann niemand verwehren,* und weg war sie, die Flasche Ziegler Nr. 1.

Im Vorzimmer dieses Chefs gehören, neben Gummibärchen und Schokoriegeln, Alka-Seltzer, Aspirin und Edle Brände in Nuss zur selbstverständlichen Grundausstattung jedes Sekretärinnenschreibtisches.

Der Hypochonder

Der Hypochonder wartet nicht erst darauf, nach Hause zu kommen. Er ist fest davon überzeugt, dass seine Magenschmerzen eine seltene Krankheit sind, die sein Hausarzt nur noch nicht entdeckt hat. Er hat sich oberflächlich über indische oder chinesische Heilkunde informiert und experimentiert mit verschiedenen

»Schulen«. Sein Lieblingsgetränk sind gallig schmeckende Cocktails aus irgendwelchen Wurzeln, und seine Pillen schmeißt er grundsätzlich nur pfundweise ein, weil er zwar auf Homöopathie, aber nicht auf homöopathische Dosen steht. Er ist fest davon überzeugt, dass bei seinen exorbitanten Schmerzen nur die Elefantendosis hilft.

Je älter der Hypochonder wird, desto stärker neigt er zur klassischen Schulmedizin, das heißt, er schmeißt tagsüber Pillen zur Beruhigung, abends Pillen zum Schlafen und nach dem Aufstehen Hallo-Wach-Pillen ein, je nach Bedarf. Das Gleiche gilt für alle anderen Körperfunktionen: Auf ein Abführmittel folgt ein Mittel gegen Durchfall, auf ein blutdrucksenkendes Mittel eines zur Stimulation. Dieser Chef ist ein wandelndes Chemieklo, und selbstverständlich gedenkt sein Organismus überhaupt nicht mehr daran, irgendetwas ohne Nachhilfe zu tun. Abgesehen davon, dass Gesundheitsförderung sein Lieblingsthema ist, erkennt man solche Chefs an erheblichen Stimmungsschwankungen, was bei dem vielen Diazepam kein Wunder ist.

Ein sehr englisches Vorzimmer ist bei diesem Chef angesagt: Ein guter Wasserkocher und viele Tees bewirken hier Wunder. Kurz gezogen machen Tees ihn wach, lang gezogen müde, und ein Kamillentee zwischendurch gibt ihm das Gefühl, dass Sie die richtige Krankenschwester für ihn sind. Wenn er über unbekannte Beschwerden klagt, mixen Sie ihm einen geheimen, aber bitte sehr bitteren Teecocktail. Je scheußlicher er schmeckt, desto schneller wird er ihn auf die Beine bringen.

Der Extreme

Sie sind sich ihrer herausragenden Stellung absolut bewusst und fest davon überzeugt, dass sie Ausnahmemenschen sind. Sie haben einen extrem fordernden Job, also benötigen sie auch Extreme, um für diesen Job den Kopf freizubekommen, wie sie es auszudrücken pflegen. Jedenfalls dann, wenn sie erwischt werden. Natürlich tun sie alles, um ihre »kleinen Fluchten« nicht an das Licht der Öffentlichkeit zu bringen, denn es könnte sie – zumindest für einige Zeit – die Karriere kosten. Allerdings lehrt uns hier die Erfahrung: Sie kommen alle wieder. Die Öffentlichkeit scheint nämlich beide Augen zuzudrücken, wenn eine bestimmte Sorte von Menschen sündigt.

Am Anfang versuchen sie nur ihre Leistungsfähigkeit zu steigern. Da war einfach keine Zeit mehr für Schlaf, trotzdem musste man ja gut drauf sein, charismatisch, besser als alle anderen. Und ab und zu eine Nase Koks schadet ja nichts. Oder ein paar bunte Pillen. Designerdrogen helfen schließlich, kreativ zu sein. Sagen sie sich jedenfalls selbst. Und die wenige Zeit, die man hat, die muss man dann auch ganz intensiv nutzen. Mit dem ultimativen Kick. Sex, Drugs and Rock 'n' Roll, wobei man auf den Rock 'n' Roll am ehesten verzichten kann. Aber Kerle wie sie, die geben sich nicht mit konventionellem Sex zufrieden, vor allem deshalb nicht, weil es auf die konventionelle Art nach all den Nasen und Pillen nicht mehr geht. Schließlich müssen sie sich beweisen, dass sie immer noch können. Es liegt nicht am Stress, dass Chef keine Lust mehr hat, es liegt nicht an den Pillen oder an den Nasen, nein, es liegt ausschließlich an den 08/15-Nummern. Ausnahmeerscheinungen, Jahrhundertmanager wie sie, die verdienen was ganz Ausgefallenes.

Die Extremen erkennt man an ihren geweiteten Pupillen, man erkennt sie daran, dass sie ständig ein bisschen Schnupfen zu haben scheinen, und man erkennt sie daran, dass sie alles, was sie tun, ein bisschen zu viel tun. Zu viel Forschheit, zu viel Charme, zu viel Energie, zu viel Arbeit und zu viel Wut.

Das größte Problem mit Extremen: Man muss als Normalsterbliche ohne bunte Pillen oder weiße Pülverchen mit ihnen mithalten können. Da ist Kondition gefragt. Wenn Chef einschläft, sollte man ihn nicht wecken, sondern ganz schnell die Flucht ergreifen, um selbst eine Mütze Erholung zu fassen.

7. Angeboren oder angelernt: Das Zeug zum Chef

Wo Chef draufsteht, ist nicht immer das Gleiche drin. Chef ist nicht gleich Chef. Grundsätzlich kann man Chefs zunächst in zwei Kategorien einteilen: die Geborenen und die Angelernten. Aber bevor wir uns diesen zwei Chefkategorien im Allgemeinen und im Besonderen zuwenden, wollen wir noch einen kleinen Test machen. Denn es ist ja so einfach, über andere herzuziehen. Natürlich immer in der festen Überzeugung, dass man selbst mit Sicherheit der bessere Chef wäre. Bevor wir Sie also mitten hineinführen in das Chefgetümmel, testen Sie doch einmal selbst, wie Ihre Chancen auf einen Chefsessel aussehen.

TEST:
Haben Sie das Zeug zum Chef?

Hier ist er, der ultimative Chef-Test. Innerhalb weniger Sekunden werden Sie wissen, ob Sie das Zeug zum Big Boss haben. Schließen Sie kurz die Augen und stellen sich folgende Situation vor:

Sie haben in einem Hotel ein Seminar besucht. Im Anschluss daran haben Sie mit den anderen Seminarteilnehmern noch ausgiebig in der Bar einen gehoben. Jetzt sind Sie auf dem Weg in Ihr Hotelzimmer und stellen fest, dass Sie Ihren Blazer über dem Stuhl im Seminarraum haben hängen lassen, und ausgerechnet darin befindet sich Ihr Hotelzimmerschlüssel. Sie schleichen also zurück in die Konferenzetage und haben Glück. Der Seminarraum ist noch nicht verschlossen. Sie öffnen die Tür. Das Mondlicht erhellt den Raum notdürftig, ah, da hinten haben Sie gesessen. Zielstrebig steuern Sie Ihren ehemaligen Platz an und stolpern dabei über einen Stuhl, der mitten im Wege steht.

Was sagen Sie in diesem Moment?

a) Au! Aua, au, au, verdammt, au, tut das weh!

b) Mist. Warum habe ich nicht das Licht angemacht?

c) Was man nicht im Kopf hat, muss man in den Beinen haben.

d) Welcher verdammte Idiot hat denn hier einen Stuhl hingestellt?

Die Auswertung

Schauen wir uns einmal an, was die Antwort über Sie und Ihre Position im Leben verrät.

Sie haben Antwort a) gewählt? Diese Antwort zeigt, dass Sie Ihre Gefühle nicht unter Kontrolle haben. Ein so ursprünglicher Schmerzensschrei spricht nicht dafür, dass Sie eine Führernatur sind. Denn ein echter Indianerhäuptling kennt keinen Schmerz, und Spontaneität kann man sich da oben schon gar nicht leisten. Wenn Sie also nach oben kommen wollen, dann müssen Sie lernen, sich besser zu kontrollieren.

Sie haben Antwort b) gewählt? Diese Antwort zeichnet Sie als jemanden aus, der lernfähig ist und die Fähigkeit zur Selbstkritik hat. Herzlichen Glückwunsch zu dieser Fähigkeit, Sie können es noch weit bringen in Ihrem Leben. Vor allem, wenn Sie sehr bald lernen, dass Sie mit Selbstkritik in der Firmenhierarchie nicht einen Schritt nach oben kommen. Fehler machen im Zweifelsfall nur die anderen.

Sie haben Antwort c) gewählt? Diese Antwort beweist, dass Sie über eine gehörige Portion Lebenserfahrung verfügen. Sie wissen einfach, wohin der Hase hoppelt, und nehmen das Leben, wie das Leben eben so spült. Manche Menschen nennen Sie zynisch, man kann es aber auch Weisheit nennen. Allerdings qualifiziert Sie diese Weisheit nicht für eine Führungsposition. Aber das wissen Sie ja selbst, Lebenserfahrung ist in Führungspositionen eher selten gefragt und noch seltener zu finden. Schließlich muss man sich entscheiden: Leben oder Karriere.

Sie haben Antwort d) gewählt? Jawoll, so hört sich ein Big Boss an, wenn er im dunklen Wald über einen Zweig stolpert. Herzlichen Glückwunsch, Sie sind ein Blamer erster Güteklasse, geradezu prädestiniert für eine Führungsposition. Ihr Charakter steht Ihnen schlicht und ergreifend nicht im Weg. Sie brauchen sich über den Weg nicht schlauzumachen, wenn Sie ein Ziel ansteuern. Schließlich wissen Sie genau, wohin Sie wollen. Sie benötigen auch keine Fakten, um Licht ins Dunkel zu bringen. Philosophische Gedanken über das Leben an sich und im Besonderen liegen Ihnen ferner als Australien, was bedeutet, dass Sie mit so unwichtigen Dingen wie der Natur des Menschen keine Sekunde Ihrer wertvollen Zeit verplempern. Schließlich wollen Sie Karriere machen. Und das gelingt auch, denn während sich Ihre Mitmenschen noch wegen der einen oder anderen schlechten Angewohnheit geißeln, stürmen Sie bereits Richtung Spitze. Und dabei sehen Sie sehr deutlich die Fehler der anderen und versäumen es niemals, die anderen auf ihre Fehler aufmerksam zu machen. Wenn irgendetwas schiefgeht, können Sie sicher sein, dass Sie sehr schnell den Schuldigen entlarven. So wird man Chef.

Die Erklärung

Dieser Quicktest ist übrigens sehr beliebt in Assessment Centern, wo er zur Evaluierung von Persönlichkeitsstrukturen genutzt wird. Was uns wiederum zeigt, dass Menschen, die sich als Führernatur qualifizieren, geborene Blamer sind, das heißt grundsätzlich für alles einen Schuldigen finden.

Das liegt hauptsächlich daran, dass es für geborene Chefs einfach selbstverständlich ist, dass andere irgendetwas ausführen, während sie für die anderen denken. Und dass jeder Murks (also das, was sie nicht gedacht haben) von anderen vorgenommen wird. Geborene Chefs sagen übrigens spontan *Welcher Idiot hat denn* ..., während Angelernte zögern, weil Antwort d) ihnen natürlich nicht politisch korrekt vorkommt.

Der geborene Chef

Gibt es den geborenen Chef? Setzen wir uns einmal an einem Dienstagnachmittag auf einen Kinderspielplatz und beobachten die lieben Kleinen im Sandkasten. Da gibt es Kinder, die völlig versunken und in sich gekehrt den Sand in ihre Eimerchen schippen und versuchen, daraus etwas zu bauen. Dann gibt es Kinder, die alles kaputt machen, was andere Kinder gebaut haben. Und garantiert findet sich in jedem Sandkasten dieser Welt ein Kind, das zwischen all den anderen Kindern mit dem Schippchen auf die Erde hämmert und ganz laut *da, da, da* schreit, was andere Kinder als Aufforderung verstehen, entweder dort das Eimerchen umzukippen oder das Häufchen zu zerstören. Voilà, da ist er, der geborene Chef. Oder die geborene Chefin (deren Selbstbewusstsein durchaus ohne die politisch korrekte Schreibweise ChefIn auskommt).

Der geborene Chef wird erst Klassensprecher, dann Schulsprecher. Später studiert er BWL oder Jura, weil ihn das zu allem befähigt. Oft studiert der geborene Chef gar nicht zu Ende, denn spätestens im vierten Semester hat er festgestellt, dass ihn Geldverdienen mehr interessiert als Paragraphen. Und Geld verdient man mit der Arbeit anderer Leute. Die Idee für sein Speditionsunternehmen kommt ihm, wenn ihm seine sechs besten Kumpel beim Umzug von der einen in die andere WG helfen. Drei Tage später bietet er WG-Umzüge am schwarzen Brett billig an, drei Monate später ersteigert er einen LKW bei Ebay, und drei Jahre später – während seine sechs besten Kumpel gerade über ihrer Diplomarbeit schwitzen – hat er bereits fünfzig Mitarbeiter und einen Fuhrpark, der sich sehen lassen kann. Geborene Chefs gründen nach einer Studentenfete eine Eventagentur, lassen ihre Kommilitonen rund um die Uhr ihre Taxe fahren oder machen sich nach den ersten selbstgekochten Spaghetti Bolognese mit einem Cateringunternehmen selbstständig.

Als Chef ist der Geborene natürlich eine Anfechtung. Denn der letzte Mensch, der Kritik an ihm geübt hat, war sein Mathelehrer, und dem hat er sich durch regelmäßiges Schwänzen entzogen. Da der geborene Chef nie an sich selbst gezweifelt hat, kommt er gar nicht auf die Idee, dass ein Mitarbeiter seiner Firma nicht hundertprozentig hinter ihm und seinem Unternehmen (was für ihn das Gleiche ist) steht. Stellt er fest, dass das nicht der Realität entspricht, so ist er maßlos enttäuscht. Nicht etwa von sich, seiner Menschenkenntnis und seinen Leistungen als Chef. Er ist enttäuscht von seinem Mitarbeiter. Für den geborenen Chef ist klar, dass sein Wort Gesetz ist. Deshalb hat er selbst nie in seinem Leben eine Minute für einen anderen Chef gearbeitet. Weil er nur seine eigenen Gesetze kennt. Da ihn die Aussicht auf Geld vorantreibt, geht er davon aus, dass alle seine Mitarbeiter das genauso sehen müssen. Er kann sich nicht mal vorstellen, dass Mitarbeiter nicht ebenso an der Mehrung seines Vermögens interessiert sind wie er selbst. »Stell dir vor«, erzählt Jürgen, ein geborener Chef, entsetzt: »Da komme ich unangemeldet noch mal zurück in meine Firma, und da sitzen die alle im Sekretariat und halten Kaffeeklatsch. Während der Arbeitszeit! Das ist doch nicht zu glauben, oder?« Empathie gegenüber Mitarbeitern ist seine Sache nicht.

Und woran erkennt man geborene Chefs, wenn man nicht das Glück hatte, mit ihnen im Sandkasten zu spielen oder neben ihnen die Schulbank zu drücken?

Hier ein paar typische Verhaltensweisen: Der geborene Chef sagt abends stolz zu seiner Ehefrau, er habe den Wasserflaschenvorrat im Keller aufgefüllt. Tatsächlich hat er seinen Chauffeur zu Aldi geschickt, ihn den Kofferraum seiner S-Klasse vollladen lassen, und dann durfte Herr Müller fünfzehn Container 1,5-Literflaschen in den privaten Weinkeller runterschleppen. Nach erfolgreicher Lieferung hat ihm die treusorgende Gattin dann noch zwei blaue Plastiktüten mit 73 leeren Wasserflaschen in die Hand gedrückt, damit diese beim nächsten Einkauf entsorgt werden können. Herr Müller wartet zwei Wochen auf sein Geld, denn natürlich musste er die Wasserlieferung erst mal verauslagen. Der geborene Chef ist ganz erschöpft von so viel privater Arbeitsleistung.

Geborene Chefs unterscheiden sich von Normalsterblichen darin, dass sie das Delegieren von Arbeit als vollkommen natürlichen Vorgang ansehen, etwas, was ihnen qua Geburt zugefallen ist. Ein geborener Chef hat seinen Mitarbeitern gegenüber nie ein schlechtes Gewissen. *Während die arbeitende Bevölkerung arbeitet, unternimmt der Unternehmer was, ich gehe jetzt Golf spielen*, ist dann auch ein Satz, den ein geborener Chef, ohne mit der Wimper zu zucken, einem Mitarbeiter an den Kopf wirft. Da er das mit jener angeborenen Grandezza tut, die man einfach nicht erlernen kann, nehmen ihm Mitarbeiter im Allgemeinen solche Sätze einfach nicht übel. Viele Mitarbeiter nennen ihn einfach »Chef« oder »Boss«.

Rock around the clock

Im Übrigen arbeitet Chef auf dem Golfplatz. Glaubt er zumindest. Fragt man den geborenen Chef, wie viele Stunden pro Woche er arbeitet, kriegt man irgendwas zwischen 90 und 120 Stunden an den Kopf geworfen. Das kommt davon, dass Chef permanent mit seinen Gedanken bei seiner Firma ist. Ob er mit dem Auto unterwegs ist oder sich nachts im Bett wälzt, weil seine Katze so laut schnarcht – all das empfindet Chef als Arbeitszeit. Dass jeder normale Mensch bei diesen Tätigkeiten auch über seinen Beruf nachdenkt, fällt hier nicht ins Gewicht. Der geborene Chef arbeitet immer. Er geht auf eine Party, um Kontakte zu knüpfen, er holt sich im Kino Ideen und testet neue Restaurants auf Business-Lunch-Tauglichkeit. Er fährt seinen Lieblingswagen, um zu repräsentieren, er hat ein Ferienhaus, um seine Kunden dort unterzubringen, er fliegt erster Klasse, weil er dort die wichtigen Leute trifft.

Weil der geborene Chef immerzu arbeitet, ist der geborene Chef auch immerzu müde. Was dazu führt, dass er zwischendurch immer wieder einnickt. Aber wozu hat man seine Leute, die werden den geborenen Chef schon um zwei Uhr morgens zur Telefonkonferenz mit Hollywood pünktlich wecken. Legendär das Weihnachtsessen, bei dem unser Chef mit dem Kopf in der Suppe einschlief, um sich anschließend beim Koch zu beschweren, dass die Suppe zu heiß gewesen sei, er habe sich das Gesicht daran verbrannt.

Sein größter Nachteil ist sein größter Vorteil

Wie bei jedem Menschen ist der größte Nachteil des geborenen Chefs gleichzeitig auch sein größter Vorteil: Die Geborenen sind alle kleine Napoleons. *L'état, c'est moi*, ich bin das Gesetz, ich bin der Staat. Egal, welche Unternehmensform ihre Firma hat, sie denken immer in der Ich-Form. Ich habe das Unternehmen auf die Beine gestellt, ich schmeiße den Laden, ich schleppe die Kohle ran. Mitarbeiter geborener Chefs werden oft wie Leibeigene gehalten. Aber was dem Chef gehört, das wird auch gut behandelt. Nicht wenige der geborenen Chefs entwickeln sich im Laufe ihres

Lebens zu echten Patriarchen. »Nicht weinen, Schnuckelchen«, sagte unser Chef, als Reginas Vater starb. »Du hast ja immer noch mich.« Ein geborener Chef findet es vollkommen normal, dass seine Sekretärin bis morgens um drei mit ihm zusammen die Korrespondenz erledigt, während er auf allen vieren am Boden kraucht und die Fransen seines Perser-Teppichs in eine Richtung kämmt. Macht man ihn darauf aufmerksam, wie absurd die Situation ist, kann ein Geborener über sich selbst lachen: *Sie wissen doch, dass ich einen Geometrietick habe.*

Dieser Chef ist absolut authentisch, es ist schlicht unter seiner Würde, sich zu verstellen. Da er jede freie Minute zur Arbeit nutzt, gewährt er seiner Sekretärin Einblick in die privatesten Dinge. Da muss die Sekretärin auch schon mal mit ins Bad, damit er beim Duschen das wichtige Memo diktieren kann, und es stört ihn überhaupt nicht, im Bademantel die Post zu machen.

Es wurde von Chefs berichtet, die nachts ihre leitenden Mitarbeiter mitten in einer Konferenz Staub wischen ließen *(Ich hab halt eine Stauballergie, na und?)* und von anderen, die morgens um vier auf ihren Schreibtisch sprangen und sangen: *Non, je ne regrette rien.*

Was also hält außer Schmerzensgeld jemanden bei so einem geborenen Chef?

Ich weiß, dass Sie das können

Zunächst einmal muss man von so einem Chef entdeckt werden. Die geborenen Chefs haben nämlich eingebaute Sensoren für Begabungen und wissen, dass dankbare Mitarbeiter die loyalsten sind. Geborene Chefs geben Menschen eine Chance. Solche Chefs stellen Sekretärinnen als PR-Chefs, Literatur-Studenten als Marketingmanager oder Philosophie-Studenten als Assistenten der Geschäftsleitung ein. *Ich weiß, dass Sie das können!* ist ein Satz, den man oft von solchen Chefs hört, sie geben ihren Mitarbeitern das Gefühl, dass sie ihnen etwas zutrauen. Wer eine Karriere als Quereinsteiger sucht, ist mit so einem Chef absolut gut bedient. Bei ihm kann man lernen. Der Geborene macht klare Ansagen, wie er was haben will und nach denen man sich gesichert richten kann. Wer in der Hölle trainiert, läuft bekanntlich wie der Teufel!

Der geborene Chef gibt jedem Mitarbeiter das tolle Gefühl, unentbehrlich zu sein. Dass man dazugehört, zu diesem auserwählten Clan. In dieser Hinsicht ist der geborene Chef ein Meister der Motivation. Natürlich zeigen sie zunächst jedem, wo es langgeht. Aber dann beweisen sie oft ihre Qualitäten als Patriarchen.

Er nimmt seiner Putzfrau den Staubsauger weg und zeigt ihr, wie man effektiv saugt. Aber wenn die Mutter der Putzfrau ein Problem mit der Bauchspeicheldrüse hat, dann treibt er einen befreundeten Chefarzt auf, der sich dieses Problems ganz persönlich und auf seine Rechnung annimmt.

Er verbannt seinen Chauffeur auf den Rücksitz und klemmt sich selbst hinter das Steuer, um ihm mal zu zeigen, wie man ohne Beachtung roter Ampeln und unter Ausnutzung aller Pferdestärken unter der Haube schnell zum Ziel kommt. Aber wenn der Chauffeur sich verliebt hat, dann gibt er ihm nicht nur gute Tipps, wie man die Angebetete überzeugt, sondern schenkt ihm noch ein romantisches Weekend für zwei in einem lauschigen Wellnesshotel im Spreewald. *Und nimm ruhig den Benz.*

Würde man einem geborenen Chef sagen, dass er ein Sklaventreiber ist, würde man nur Erstaunen ernten. *Was, ich? Hör mal, ich bin wirklich gut zu meinen Leuten.* Stimmt. Irgendwie.

Als Mitarbeiter kann man mit jedem Problem zu ihm kommen. Er wird es lösen. Er wird Hilfestellung geben. Er kennt die Familiengeschichte jedes einzelnen Mitarbeiters. Er vergisst nie zu fragen, wie es dem kranken Opa geht.

Er vergisst nur auf die Uhr zu schauen und wird ärgerlich, wenn seine Mitarbeiter nach 16 Stunden im Büro nachts um zwei endlich nach Hause wollen. Er ist doch noch gar nicht müde. Und schon gar nicht fertig. *Also, wo waren wir stehen geblieben...*

Für ihn geboren

Ein geborener Chef braucht für ihn geborene Mitarbeiter. Das Leben in seiner Firma dreht sich ausschließlich rund um seine Person, egal wie spannend die Sache ist, mit der sich das Unternehmen beschäftigt. Man muss ihn mögen oder es sein lassen. Die Unterschrift unter einen Arbeitsvertrag mit so einem Chef gleicht einer Eheschließung. Bei der richtigen Wahl kann eine solche Verbindung aber durchaus glücklich sein.

Manchmal wird sogar nach einer Scheidung noch einmal geheiratet. *Die politische Situation erfordert von allen Bürgern Opfer, von Ihnen erwarte ich als Opfer, dass Sie meine Sekretärin rausrücken,* sagte unser alter Chef im November 1989 zu Reginas neuem Chef. Nicht selten bleiben Mitarbeiter ihr ganzes Arbeitsleben bei so einem Chef. So mancher Chauffeur mäht selbst zwanzig Jahre nach der Pensionierung seines Chefs immer noch wöchentlich seinen Rasen, so manche in Ehren ergraute Sekretärin erledigt immer noch die Privatkorrespondenz des ehemaligen Chefs, viele Jahre, nachdem die Unternehmensleitung an den Sohn übergegangen ist.

Von der Wiege bis zur Bahre – der geborene Chef bleibt der Chef bis an sein Lebensende. Deshalb sollte man ihn besser nicht heiraten.

Wenn der Geborene alt wird, mutiert er nicht selten zum Guru.

Wenn die Chemie stimmt, kann man als Sekretärin mit einem geborenen Chef alt werden. Da jeder Chef von seiner Sekretärin erwartet, dass sie nach seiner Pfeife tanzt, überwiegen die Vorteile des Geborenen die Nachteile. Mit diesem Chef gibt es eine Menge zu lachen, denn er spielt keine Rolle, sondern ist immer ganz er selbst, was zu den absurdesten Situationen führen kann. Da der geborene Chef immer das Gefühl vermittelt, dass man als Mitarbeiter einfach grandios ist, kann man als Sekretärin mit so einem Chef absolut glücklich werden. Bloß heiraten sollte man ihn nicht.

Der Angelernte

Der weitaus größte Teil der Menschheit gehört nicht zu den geborenen Chefs. Allerdings sind auch die anderen Chefs alles andere als gelernte Chefs, denn auf Chef kann man nicht lernen. Man kann so viele Management- und Führungsseminare besuchen, wie man will, die Fähigkeiten, die ein Mensch braucht, um ihn als Chef brauchbar zu machen, sind keine theoretischen. Wer das erste Mal in seinem Leben Chef wird, übt am lebenden Objekt. Es ist eine Operation am offenen Herzen, für die es kein

Diplom gibt, obwohl wir sonst für so ziemlich alles Diplome brauchen.

Da ist der leidenschaftliche Architekt, der nun endlich einen Assistenten bekommt. Da ist der hoffnungsfrohe Arzt, der nach vielen übermüdeten Jahren in der Notaufnahme des Kreiskrankenhauses nun endlich seine eigene Praxis eröffnet und eine MTA einstellt. Da ist der ehrgeizige junge Anwalt, dem nun einen halben Tag lang eine Reno-Gehilfin zur Seite gestellt wird. Da ist der Assistent mit druckfrischem BWL-Diplom, der auf eine gestandene Sekretärin losgelassen wird. Da ist der Optiker, der sich einen Fachverkäufer sucht. All diese Menschen sind zum ersten Mal in ihrem Leben Chef. Viele haben lange studiert, um so weit zu kommen. Allerdings haben sie nicht studiert, wie man Menschen dazu motiviert, das zu tun, was sie von ihnen verlangen.

In Zeiten, in denen es der Wirtschaft gut geht und die Arbeitslosenquoten niedrig sind, gehen solche Anfängerchef-Verhältnisse ziemlich schnell in die Hose. Was aber auch dazu führt, dass diese Chefs schnell und auf die harte Methode ihren Job als Chef lernen. Sie werden bereits von der ersten Sekretärin vom Baum geholt, weil die es gar nicht nötig hat, für *so einen Schnösel* zu arbeiten.

In Zeiten von Millionen Arbeitssuchenden sind die Chancen, dass der Ungelernte schnell lernt, wie man Menschen richtig führt, relativ gering. Denn die Bereitschaft, zu allem Ja und Amen zu sagen, ist natürlich ungleich größer, wenn man Angst um seinen Job hat. Deshalb stümpern in Zeiten wirtschaftlicher Not eine Menge Möchtegernchefs herum und glauben auch noch, dass sie absolut großartig sind. Kein Wunder, wenn ihnen niemand widerspricht und Sekretärinnen Survivaltrainings-Kurse besuchen müssen.

Die Berufenen

Die Unsicherheit am Anfang der Karriere ist groß. Am schlimmsten trifft es Menschen, deren Beruf ihre Berufung ist. Also zum Beispiel den Architekten. Oder den Kommunikationsprofi. Je erfolgreicher solche Menschen in ihrem Beruf sind, desto schneller wächst ihr Mitarbeiterstab. Nun ist der Architekt wahrscheinlich aber Architekt geworden, weil er schöne Häuser bauen wollte. Das machen sehr bald seine Mitarbeiter, während der arme Architekt nun ausschließlich Kalkulationen erstellt, die Arbeit seiner Mitarbeiter überwacht und Kontakte zu potentiellen Auftraggebern knüpft.

Der Kommunikationsprofi hat gar keine Zeit mehr, eine geile Werbekampagne für den Getränkehersteller zu ersinnen, denn er muss seine Grafiker, seine Texter, seinen Mediaplaner, seine Kontaktassistentin, seinen Produktioner und seinen Kunden koordinieren, so dass für so etwas wie die subtile Beeinflussung der Zielgruppe überhaupt keine Zeit mehr bleibt. Aus dem begnadeten Werber wird deshalb ziemlich bald ein ganz und gar überforderter Chef. Denn er hat niemals gelernt, wie man das sensible Künstlerseelchen seines Art Directors streichelt, während man diesem zu verstehen gibt, dass der Entwurf der neuen Kekspackung absoluter Mist ist. Er hat niemals gelernt, wie man dem Mediaplaner am Freitagabend schonend beibringt, dass der gesamte Schaltplan für die Präsentation am Montag nochmals total umgeschmissen worden ist und der Sieben-Millionen-Etat nunmehr statt in TV-Spots ausschließlich in Printanzeigen ausgegeben werden soll, die er natürlich mal schnell neu rechnen muss.

Je besser jemand in seinem Spezialgebiet ist, desto schneller gelangt er an einen Punkt in seiner Karriere, an dem er nicht mehr in seinem erlernten Beruf arbeitet. Das berühmt-berüchtigte Peter-Prinzip, das besagt: Jeder wird so lange befördert, bis er die höchste Stufe seiner Inkompetenz erreicht hat.

Die Zoodirektoren

Nun hat der ungelernte Chef mehrere Möglichkeiten. Entweder er sieht ein, dass er die erste Hürde zur Inkompetenz bereits überschritten hat, und rudert zurück, indem er sich irgendwo einen Job sucht, der seinem erlernten Beruf entspricht, um fortan das glückliche, unbeschwerte Leben eines Spezialisten zu führen. Das tun die wenigsten, obwohl als Spezialist durchaus gutes Geld zu verdienen ist. Aber natürlich zwickt auch der Ehrgeiz, man will es ja noch weit bringen. Also beißt der Ungelernte die Zähne zusammen und denkt sich, dass man schließlich alles lernen kann. Er belegt Seminare *Führen, aber richtig*, zieht sich über das Wochenende Management-Ratgeber rein. So mancher Jungmanager entwickelt sich zum Ratgeber- und Seminar-Junkie. In seinem Bücherschrank sieht es aus wie bei einem Zoodirektor. Da stehen *Die Mäuse-Strategie für Manager* – Spencer Johnson, *Die Bären-Strategie. In der Ruhe liegt die Kraft* – Lothar Seiwert und *Fish!* – Stephan C. Lundin einträchtig neben *Schwimm mit den Haien, ohne gefressen zu werden* – Harvey Mackay und *Die Kunst, den Tiger zu reiten* – Dr. Branko Bokun.

Am Wochenende zieht sich so ein Jungmanager also die Strategien aus dem Tierreich rein und verunsichert am Montag damit seine gesamte Mannschaft. Denn die merkt natürlich die Unsicherheit und den Wankelmut (was denn nun, Fischweib, Mäuschen oder Bär?), was zu spontanen Teamkrisen führt.

Irgendwann stellt jeder junge Chef fest, dass er eigentlich weder Zeit noch Lust hat, ständig über den eigenen Führungsstil nachzudenken. Insbesondere in großen Unternehmen, in denen der Jungmanager noch ein paar harte Brocken in der Hackordnung über sich hat, was im Allgemeinen zu einer mehr als abendfüllenden Tätigkeit wird, bleibt dazu keine Zeit.

Er wird schmerzlich lernen, dass gute Behandlung nicht automatisch Loyalität hervorbringt, dass mit der besten Motivation aus einem Trabbi kein Formel-1-Rennwagen wird und dass man nicht ewig Zeit hat zu diskutieren. Da er aber, wie alle ehrgeizigen Menschen, ungeduldig ist, stürmt er nach vorne und nimmt immer weniger Rücksicht auf menschliche Verluste.

Und siehe da, plötzlich flutscht es. Aus dem Ungelernten ist endlich ein Chef geworden. Er agiert frei Schnauze, und selbstverständlich sind auch darüber viele schlaue Bücher geschrieben worden. Man nennt das dann den situativen Führungsstil.

Wer einen Chef im Übungsstadium bekommt, hat zwei Möglichkeiten. Entweder man macht sich um die Menschheit verdient und unternimmt mit viel Geduld und Spucke ein paar einschneidende Erziehungsversuche. Oder man lässt ihn in dem Glauben, dass er absolut toll sei, und findet sich für immer mit seiner Art ab. Ältere Angelernte sind schwerer zu fassen, ihr Verhalten ist nicht immer vorhersehbar. Auf situativen Führungsstil kann man nur situativ reagieren, sprich: nach Tagesform.

8. Sondermodelle –
nicht immer harmlos

Geboren oder angelernt – bei einigen Cheftypen ist das nicht die
Frage. Unter den beiden Oberkategorien befinden sich einige
Sondermodelle, von denen ein paar nicht ganz ungefährlich sind.
Alle Sondermodelle haben eins gemein: Sie kommen absolut nett
und zunächst harmlos daher. Gewarnt sei vor der Vorstellung,
dass zum Beispiel Frauen grundsätzlich in die Kategorie »Angelernte« einzuordnen sind. Es gibt auch unter Frauen die geborenen Alpha-Mädchen, die bereits im zarten Alter von sieben Jahren
als Linienrichter am Baum standen, während eine Horde Jungs in
der Baumkrone die Reichweite ihrer Puller ausprobierte. Aber
sind Frauen nicht doch anders als männliche Chefs?

Der kleine Unterschied: Die Chefin

Wenn Frauen am Anfang ihrer Karriere als Chefin stehen, gehen
sie mit all den Tugenden an den Start, die man Frauen gemeinhin
zuspricht: Teamdenken, Empathie, Kooperationsbereitschaft – die
jungen Chefinnen haben sich vorgenommen, alles besser zu machen. Und damit fangen die Probleme an. Klar schauen wir uns
die Frau genau an und denken: *Was kann die eigentlich, was ich
nicht kann?* Eine gleichaltrige oder gar jüngere Frau, die mehr
Geld verdient und mehr zu sagen hat, ist wirklich ätzend.

Mit der Nase eines Trüffelschweins spüren wir sehr schnell die

Schwachpunkte der Vorgesetzten auf. Die ist es meist noch gar nicht gewöhnt, Chefin zu sein, und entschuldigt sich indirekt dafür, dass sie etwas zu sagen hat. Das ständige *Bitte* und *Danke* geht uns gewaltig auf den Keks. Um uns einzulullen, kocht die sogar Kaffee. Wir argwöhnen, dass sie am lebenden Objekt übt. Und genau das tut sie. Wir argwöhnen, dass die so nie weiterkommen wird. Und genau das stimmt auch.

Sobald die Chefin nämlich geschnallt hat, dass es die männlichen Eigenschaften sind, mit denen man in der Wirtschaft Karriere macht, auch wenn alle Karriere-Gurus etwas anderes proklamieren, wird sie sich genauso rücksichtslos verhalten wie ein Mann und sich ganz schnell in die Egomanin verwandeln, die wir immer in ihr vermutet haben. Mit dem kleinen Unterschied, dass sie von ihrer Sekretärin erwartet, dass sie ihr Bescheid sagt, wenn ihr Make-up verlaufen ist, oder ihr in der Mittagspause neue Strumpfhosen besorgt, wenn sie sich eine Laufmasche zugezogen hat. Sie hält es für eine Selbstverständlichkeit, dass man für sie grünen Tee und Tampons vorrätig hat und ihr neues Kostüm nicht nur bemerkt, sondern absolut toll findet.

Frauen sind als Chefs oft die besseren Männer. Auch hier gibt es die geborenen Chefinnen, für die ihre Leute Familienersatz sind und die sie behandeln wie eine Löwenmutter ihre Jungen, und es gibt die mühsam Angelernten, die erst ihr Chefdasein verleugnen, um später jeden Machomanager in den Schatten zu stellen. Mit grünem Tee, Ersatzstrumpfhosen und dem entzückten Aufschrei »Wow, toller Blazer« sind sie zu bändigen.

Du, Chef

Es gibt eine Gruppe von Chefs, die sich grundsätzlich mit ihren Mitarbeitern duzen. Vorsicht! Das *Du* als Zeichen von *We are family* ersetzt nicht selten ein ordentliches Gehalt. Deshalb findet man es sehr häufig bei den chronisch unterbezahlten sozialen Berufen. Außerdem findet man das *Du, Chef* in Unternehmen, die einen hohen Anteil an schwarz gekleideten Menschen aufzuweisen haben, also die sogenannten kreativen Berufe: Werbeagenturen, Medien, Softwareschmieden, Filmfirmen etc.

Es sind jene Unternehmen, in denen der Anteil der Belegschaft an Menschen mit zwei abgeschlossenen Studiengängen, die ihre zehnte, unbezahlte Praktikantenstelle haben, besonders hoch ist.

Es sind jene Unternehmen, in denen die Mitarbeiter tolle Visitenkarten und noch tollere Berufsbezeichnungen haben. Kurzum, es sind genau die Unternehmen, die Jobs bieten, von denen sich unerfahrene junge Menschen Glanz und Gloria versprechen. Besonders häufig kommt das *Du, Chef* auch in Unternehmen vor, die von öffentlichen Geldern gefördert werden wie zum Beispiel Kulturprojekten.

Dem allgemeinen Duzen in einem Unternehmen ist also gründlich zu misstrauen. Nicht, weil es das Arbeitsverhältnis in irgendeiner Weise beeinflusst, sondern weil es unserer Erfahrung nach ein Gradmesser für die Gehaltsskala eines Unternehmens ist. Was nicht heißt, dass nicht auch ein paar Stars ganz oben auf der Gehaltsskala in diesen Unternehmen stehen können. Am Chef-Mitarbeiter-Verhältnis ändert das *Du* überhaupt nichts. Deshalb findet man den *Du-Chef* auch sowohl unter den Geborenen als auch unter den Angelernten.

Wenn sich alle duzen, weil das branchenüblich ist, ist das so lange okay, wie wir nicht glauben, dass unser Chef, nur weil er einen Pullover trägt, nicht genauso despotisch sein kann wie jeder andere Chef. Wer sich vom Du blenden lässt, wird enttäuscht werden.

Der Guru

Wahrscheinlich hat der Guru bereits im Teenageralter stundenlang vor dem Spiegel geübt, durchgeistigt auszusehen. Er hat eine Art zu schauen, zu reden, zu laufen, die signalisiert: Ich denke. Also bin ich. Das wirklich Komische am Guru ist, dass er selbst an seinen überlegenen geistigen und gesellschaftlichen Status glaubt. Die meisten Gurus sind Geborene im Endstadium. Allerdings gibt es durchaus auch Angelernte unter ihnen, was bei ihrem fortgeschrittenen Dienstalter allerdings kaum mehr ins Gewicht fällt.

Gurus schaffen es, Sätze auszusprechen, die an Banalität nicht zu überbieten sind, wie z. B. *Ich denke, ja, ich bin davon überzeugt, dass die Welt, äh, an sich, immer noch, ja, auch heute noch, ehm, ja, also eine Kugel ist, rund also. Keine Scheibe, keine Scheibe. Nicht wahr.* Das sagt der Guru allerdings mit einer Betonung, die uns an seinen Lippen hängen lässt, als ob Habermas persönlich die Zusammenfassung seines Oeuvres formuliert. Dabei schaut er so gedankenschwanger, dass uns nichts anderes übrig bleibt, als ihn für einen großen Denker zu halten. Gurus findet man vorzugsweise auf Positionen, bei denen eine gewisse Sachkompetenz nicht schaden kann.

Weißhaarige Chefärzte gehören zum Typ Guru genauso wie Bau- oder Museumsdirektoren oder Herausgeber von Zeitungen oder Bucheditionen. Auch Gründer von Firmenimperien haben oft Gurustatus, selbst, wenn das Imperium inzwischen eine AG und fest in russischen oder arabischen Händen ist. Man findet sie unter den Seniorpartnern in Architekturbüros, Anwaltskanzleien oder Wirtschaftsprüfungsgesellschaften. Sie leben von ihren Erfolgen von vor 30 Jahren und haben den Elder-Statesman-Status. Damit sind sie unberührbarer als die Unberührbaren in Indien, und dabei ist es egal, wie viel Unsinn sie täglich von sich geben.

Ihr Status kommt gleich nach Gott Vater, und genauso benehmen sie sich auch. Ihre Jünger folgen dem Guru bedingungslos. Niemand traut sich zu husten, bevor der Guru sich räuspert. Dabei scheint am Guru selbst alles Unangenehme abzuperlen. Aber das sieht nur so aus, denn eigentlich wird niemand in der näheren Umgebung dieses großen Lichtes es auch nur wagen, irgendein Ärgernis an ihn (hier übrigens wieder auch SIE) heranzulassen. Wer will schon eine hochgezogene Augenbraue von Gott Vater riskieren. Man ist ja so stolz, im Dunstkreis dieses großen Lichtes wirken zu dürfen.

Und deshalb sind es weniger die großen Gurus (deren Hauptnervpunkt ihre absolute Ignoranz gegenüber ihrem eigenen Verfallsdatum ist), die als Chefs so unangenehm sind, sondern eher ihre selbst ernannten Jünger. Die nämlich traktieren den Rest der Welt mit den Wünschen des Gurus. Dabei handeln sie nicht selten in vorausschauender Einwandbehandlung und vorauseilendem Gehorsam. Denn der Guru selbst wird sich sehr selten herablassen, sein Missfallen direkt auszudrücken. Dafür hat man seine Jünger.

Von denen zieht jeder Guru einen ganzen Schwarm nach sich. Allerdings ist das Verhältnis vom Jünger zum Guru mehr als einseitig. Denn so abgeschirmt wie der Guru ist, so hell sein Stern auch auf seine Jünger abstrahlt, so wenig interessieren den Guru die Jünger. Der Guru lebt in seiner ganz eigenen Welt, die er mit ein paar Auserwählten auf irgendeinem fremden Stern teilt. Zu diesen Auserwählten gehören auch zwei Mitarbeiter, die er nur im absoluten Notfall jemals austauschen wird (und dieser Notfall heißt ausschließlich Tod, eine andere Ausrede lässt der Guru nicht gelten).

Meistens sind diese beiden Mitarbeiter die Sekretärin und der Fahrer. Diese beiden unterscheidet vom Rest der Welt die Erkenntnis, dass auch Gott Vater nur ein Mensch mit allen menschlichen Schwächen ist, der ein Prostataleiden und einen irrwitzigen Appetit auf After Eights hat, der manchmal Schwierigkeiten hat, die richtigen Wörter zu finden, und mitunter so starrsinnig ist wie ein Vierjähriger in der Trotzphase. Man hat sich im Laufe der Jahrzehnte aufeinander eingestellt, und der Guru gedenkt nicht, andere in diesen erlauchten Kreis aufzunehmen.

Wer für einen Guru in dieser Position arbeitet, dem darf man zu seinem krisensicheren Job und zu seinen guten Nerven gratulieren, denn die Sache mit dem Starrsinn wird nicht weniger. Wenn da nicht die Jünger wären, wäre eigentlich alles schön. Und

> **Wer im Vorzimmer eines Gurus sitzt,** braucht keinen Rat, wie man den Chef richtig handhabt, sondern eine Fliegenklatsche, um diejenigen abzuwehren, die sich auf Kosten des Gurus profilieren wollen.

so entwickeln sich so manche treusorgende Chefsekretärin und so mancher gutmütige Chauffeur zu wahren Chefwärtern, die dafür sorgen, dass die Jünger nicht merken, dass ihr Guru eigentlich nur noch zum Spielen kommt.

Der Profiteur

Der Profiteur scheint der Löser aller Probleme zu sein. Er ist der sympathische Freund und Retter in der Not. Hilfsbereit bis zur Selbstaufgabe. Profiteure trifft man auf allen Chefebenen. Ein Profiteur gibt all denen eine Chance, die woanders keine mehr hätten. Ist er selbstständig, so stellt er vorzugsweise Langzeitarbeitslose ein (entweder mit staatlichen Zuschüssen bis zum Abwinken oder schwarz, was einigen Langzeitarbeitslosen im Zweifelsfall lieber ist).

Bei ihm haben auch entlassene Häftlinge eine Chance, warum soll ein Bankräuber schließlich keine Tische restaurieren können. Er ist absolut großzügig, seine polnischen Näherinnen sind spitzenmäßig untergebracht, nur sieben Frauen in einem Zimmer und das für nur 150 Euro pro Monat.

Er schmeißt seinen Polier nicht raus, bloß weil der seinen Führerschein versoffen hat. Im Gegenteil, sein Polier wird von ihm höchstselbst auf die wichtige Baustelle gefahren und darf ab sofort dort übernachten – so hat *immer einer ein Auge drauf.*

Profiteure findet man gern im Baugewerbe. Sie kaufen hoffnungslos insolvente Fonds auf, ersteigern Schrottimmobilien zu einem symbolischen Preis. Profiteure lieben es, hoch verschuldete Unternehmen zu übernehmen wie z. B. heruntergekommene Gaststätten.

Profiteure brauchen das Gefühl, die Karre aus dem Dreck zu ziehen. Als Unternehmensberater sind sie zunächst eine Rakete, allerdings muss man aufpassen, dass sie sich das Unternehmen nicht in allerkürzester Zeit selbst unter den Nagel reißen. Natürlich mit einer großzügigen Abfindung an den vorherigen Besitzer. *(Ich erspare Ihnen, den Finger heben zu müssen.)*

Da Profiteure sich selbst für absolut großzügige Menschen halten, sind sie mehr als erstaunt, wenn irgendjemand das nicht so sieht und zum Beispiel wegen ausstehenden Lohns für vierhundert Überstunden vor Gericht zieht. Das enttäuscht den Profiteur zutiefst, schließlich hat er *diesen Idioten aus der Gosse gezogen, jahrelang netto Kralle alimentiert* und jetzt das. Da er das mit »netto Kralle« zwar seinem Rechtsanwalt, aber nicht dem Richter verklickern kann, hat er natürlich vor Gericht schlechte Karten.

Der Profiteur hat ein Gedächtnis wie ein Elefant für alle Wohltaten, die er anderen zukommen lässt. Dass andere sich dafür erkenntlich zeigen, ist ja wohl selbstverständlich.

Ist man zufällig an einen Profiteur als Chef geraten, so ist das größte Problem mit diesem Chef, dass er die Arbeit anderer Menschen einfach nicht zu schätzen weiß. Erfolg ist für ihn *Kohle machen*, und Kohle macht man nun mal selten mit eigener Hände Arbeit. Das heißt, er hält jeden, der fleißig und kontinuierlich arbeitet, für leicht verblödet.

Man darf also für geleistete Überstunden niemals eine Anerkennung erwarten, am bestens niemals welche machen. Extras sind bei diesem Chef inklusive, und er vergisst sie in Sekundenschnelle. Seine Anerkennung erhält man, indem man dealt.

Er wird zum Beispiel absolut begeistert sein, wenn man ihm mitteilt, dass es jetzt vier Wochen umsonst Kaffee im Büro gibt, weil man freiwillig eine neue Kaffeemaschine testet, die danach –

natürlich gesäubert und verpackt – retour zum Absender geht, mit Geld-zurück-Garantie.

Ist man selbst mal in eine scheinbar ausweglose Situation geraten, sollte man sich vor Profiteuren hüten: Sie nehmen noch das letzte Hemd, das übrig geblieben ist. Das Leben hat sie gelehrt: Es gibt niemanden, der so wenig hat, als dass es sich nicht lohnen würde, es ihm auch noch wegzunehmen. Das, was der Profiteur mit der einen Hand gibt, nimmt er doppelt mit der anderen zurück. Profiteur heißt nämlich Gewinner. Er macht immer Gewinn.

Diesem Chef darf man einfach nichts schenken. Nicht eine einzige Überstunde, es sei denn, er löhnt dafür sofort. Leistung heißt für ihn Kohle machen. Er hat vor allem Respekt, was Kohle kostet.

Der Schachspieler

Es gibt einen Typ Chef, bei dem fühlt man sich wie eine Figur auf dem Schachbrett, wobei man froh sein kann, wenn man seine Dame sein darf, denn als Bauer wäre man schlechter dran. Der Schachspieler sieht das Unternehmen als Schlachtfeld und sich selbst als Feldherrn. Jeder Zug, den er macht, ist strategisch durchdacht, denn der Feldherr hat das Ziel, den Krieg zu gewinnen und als König in die Geschichte einzugehen. Dass dieser Chef das eine oder andere Bauernopfer ohne mit der Wimper zu zucken bringt, ist nachvollziehbar, seine Winkelzüge häufig nicht.

Er ist als Intrigant gefürchtet und als Taktierer verschrien. Er legt sich niemals fest, sondern versteckt sich hinter seinen Bauern und Läufern, sprich, er neigt dazu, anderen nicht nur die Schuld in die Schuhe zu schieben, sondern diese anderen auch mit Freude für ihn in die Schützengräben zu schicken. Das macht den Schachspieler selbstverständlich zu einem durch und durch sympathischen Zeitgenossen, in dessen Gegenwart man sich so richtig entspannen kann. Wobei es eine Weile dauert, bis man den Schachspieler erkennt, versteckt er sich doch hinter einer offenen, freundschaftlichen Art. Er pflegt seine Netzwerke (Bauern, Läufer, Turm, Springer) und spielt den guten Kumpel. Entlarven kann man ihn erst, wenn er die schwachen Stellen, die ihm ein guter Kumpel in einer schwachen Stunde gezeigt hat, nutzt, um weiterzukommen.

Der Schachspieler ist ein Freund strategischer Allianzen. Er würde sich auch mit dem Teufel verbünden, wenn es ihm Vorteile brächte. Der Schachspieler kann es weit bringen – sehr weit. Allerdings wird auch der Schachspieler selten ganz oben in der Chefhierarchie stehen: Er ist nämlich mit seinen Spielchen viel zu beschäftigt, als dass er wirklich dazu kommt, etwas Außergewöhnliches zu reißen. Da er seine Kreativität auf die Intrige richtet und selten auf etwas Konstruktives, bremst er sich irgendwann meist selbst aus bzw. stolpert früher oder später über seine eigenen Intrigen, wenn das Imperium einmal zurückschlägt.

Wer einen Schachspieler als Chef hat, sollte selbst das Spiel virtuos beherrschen, um nicht unterzugehen. Sekretärinnen, die dazu neigen, selbst weit im Voraus zu denken und völlig unemotional ihre Vorteile zu nutzen (ein schönerer Ausdruck für *über Leichen gehen*), können mit dem Schachspieler ganz gut zurechtkommen. Wer den Job als Spiel mit Siegen, Verlusten und Nieder-

lagen begreift, ist ein prima Sparringspartner für den Schach
spieler, sprich: seine Dame. Und die wird bekanntlich freiwillig
zuletzt geopfert.

> **Für seine Dame ist es überlebensnotwendig,** immer zu wis-
> sen, welche Schlacht ihr König gerade schlägt, sonst könnte
> es passieren, dass sie den Überblick verliert und sich selbst in
> eine Opferposition bringt.

Momis und Didos – Von Zeit zu Zeit Chef

Auch im Management gibt es Zeitarbeiter: Manager, die nur von
Montag bis Mittwoch oder von Dienstag bis Donnerstag arbeiten,
von ihren Mitarbeitern zur Unterscheidung nach den Wochenta-
gen benannt: Momi, Dido, Dodi oder Mimo.

Schaut man sich die Abschlusssemester der Hochschulen an,
dann braucht man keinen Taschenrechner, um zu dem Ergebnis
zu kommen, dass es so viele Vorstandsposten und Aufsichtsrats-
mandate gar nicht gibt, wie von den Universitäten jedes Jahr hoffnungsfrohe Anwärter auf den Markt gespuckt werden. Bereits im
ersten Arbeitsjahr als Trainee beginnt ein gnadenloser Auslese-
prozess, um jene handverlesene Truppe zu finden, die irgendwann einmal die Geschicke der internationalen Wirtschaft leiten
darf.

Je höher die Anforderungen, desto weniger Manager scheint
der Markt allerdings herzugeben. Die Tatsache, dass viele Organisationen (insbesondere öffentlich-rechtlicher Natur) zwei Chefs

vorsehen, führt zu einem Phänomen, das sich auch alt gediente Sekretärinnen nicht erklären können: den bereits erwähnten Momis und Didos.

Das sind jene Chefs, die allen auf jeder Wirtschaftsschule gelehrten Regeln zum Trotz es einfach nicht nötig haben, mobil zu sein. Momis haben vor fünfzehn Jahren ein Häuschen im Taunus gekauft und denken überhaupt nicht daran, nach Berlin oder München, nach Atlanta oder Moskau zu ziehen.

Wer sie haben will, muss sie mit Haut und Haaren, mit Haus und Familie einkaufen. Schließlich kann er seiner Frau nicht zumuten, sich einen neuen Friseur zu suchen, seiner dreizehnjährigen Tochter nicht zumuten, auf eine neue Schule zu gehen, und seinem neunjährigen Sohn, sich neue Freunde zum Fußballspielen zu suchen. Das Häuschen im Taunus ist zwar etwas unterdimensioniert, aber egal, es ist fast abbezahlt, und er wird einen Teufel tun und das alles aufgeben, nur um sich auf diesen Schleudersitz zu setzen. Wer ihn haben will, der kriegt ihn. Von Montag bis Mittwoch oder von Dienstag bis Donnerstag. Zwei Tage in der Woche arbeitet er mobil, sprich von zu Hause aus. Da vertauscht der Momi das Chefzimmer mit dem Arbeitszimmer mit Blick auf den Taunus, natürlich nachdem die Behörde mal ganz schnell sein Heimoffice auf den neuesten Stand der Technik gebracht hat.

Da sowieso zwei Chefs sich die Chose teilen, ist sein Kollege ein Dido, der von Dienstag bis Donnerstag arbeitet, mit Häuschen auf dem Killesberg und unverbaubarem Blick auf Stuttgart. Besonders angenehm an diesem Posten ist, dass Momi und Dido auch im äußersten Notfall nur an zwei Tagen in der Woche gemeinsam anwesend sind, nämlich Dienstag und Mittwoch, aber das kommt eh nur in Schaltjahren und bei Vollmond vor, denn es gibt eine stumme Übereinkunft, dass man sich mit Dienstreisen tunlichst aus dem Weg geht.

Das 2-Chef-Verfahren hat den Vorteil, dass man allen Murks seinem Co-Chef in die gewichsten Schühchen schieben kann, so dass insbesondere in prekären Positionen diese Chefkonstellation äußerst kommod ist. Denn dass beide sich bis aufs Blut hassen, ist so klar wie eine gut geklärte Consommé.

Mitarbeiter von Momis und Didos – insbesondere die im Vorzimmer – werden auf eine harte Probe gestellt. Denn einerseits erwarten alle Momis und Didos dieser Welt, dass ihre Sekretärinnen ihnen und nur ihnen allein rund um die Uhr zur Verfügung stehen, was das Abschwören jeglichen privaten Lebens einschließt, auf der anderen Seite nutzen sie genau wie jeder andere Chef ihre Sekretärinnen auch und gerade zur Organisation ihres Privatlebens, auch wenn sie es selbstverständlich anders nennen.

So manche Sekretärin ist schon verbittert angesichts der vielen Rücksicht, die auf die privaten Angelegenheiten ihrer Chefs genommen wird, während sie selbst alles Persönliche hinten anstellen muss. Da Momis und Didos sich meist ihre Sekretärinnen – sozusagen als Schnittstelle – teilen, kann man sich im Vorzimmer einer solchen Organisation vorkommen wie ein Scheidungskind.

Da gibt Momi Anweisungen, was Dido wissen darf, da will Dido hören, dass er sowieso viel besser sei als Momi, da wird eifersüchtig über jede Kopie und jede Information gewacht, und wehe, Momi hat was bekommen, was man vergessen hat, an Dido weiterzureichen. Es gibt kaum ein Fettnäpfchen, in das man nicht treten kann, und kaum hat man gelernt, von der Geisteswelt von Momi auf die von Dido umzuschalten, wird Dido auch schon wieder gefeuert, und die schier endlose Suche nach einem Ersatz beschert Momi ein paar wunderschöne Monate.

Auch Dido kann sich ein paar wunderschöne Monate machen, denn er hat zur Belohnung, dass er nach zwei Jahren endlich geht, eine Abfindung in einer Höhe bekommen, für die seine Sekretärin fast ein ganzes Leben lang arbeiten muss.

So wenig Chefanwesenheit wie bei Momis und Didos ist selten in den Vorzimmern. Dienstag und Mittwoch gehen sich die Chefs aus dem Weg, Freitag sind sie sowieso zu Hause, und für Montag und Donnerstag kassieren ihre Sekretärinnen Schweigegeld. Wenn nicht, sollte man sich ganz schnell einen weniger anstrengenden Job suchen.

9. Sous-Chefs:
Nie ganz oben

Natürlich gibt es eine Fülle verschiedener Cheftypen. Mit einem kleinen, aber entscheidenden Schönheitsfehler: Die meisten Chefs werden nie ganz nach oben kommen. Ganz oben thront der Geborene, das Alpha-Tier, der Leitwolf und lächelt mild, wie der Löwe in der Wüste, der seine Macht nicht zu zeigen braucht, während die Angelernten strampeln und strampeln; wobei sie nicht selten nach oben buckeln und nach unten treten, um in der Hierarchie nach oben zu kommen. Aber auch der eine oder andere Angelernte kann es bis in den Chefolymp schaffen. Es sei denn, er gehört zu den Cheftypen, die wir uns im Folgenden vornehmen wollen. Wir nennen sie Sous-Chefs, es sind diejenigen, die zwar Chefs sind, aber nie ganz oben mitspielen werden.

Den Sous fehlt es nicht immer am absoluten Willen zur Macht, sondern an der inneren Überzeugung, dass sie die besten Leitwölfe aller Zeiten sind. Und hier ist sie, die Parade der Gott-sei-Dank-nicht-ganz-Mächtigen:

Der Frühstücksdirektor

Wenn Sie manchmal denken, *Hilfe, mein Chef ist ein Idiot*, dann könnte es sein, dass Sie für ein Unternehmen arbeiten, das sich einen Frühstücksdirektor leistet. Natürlich heißt der Frühstücksdirektor nur in Ausnahmefällen Frühstücksdirektor. Damit ein

Frühstücksdirektor wirklich effizient arbeiten kann, steht auf seiner Visitenkarte eine wohlklingende Berufsbezeichnung, wie z. B. Repräsentant, Generalbevollmächtigter, Direktor etc. Und damit fängt das Unglück an. Denn niemand in dem Unternehmen macht den Mitarbeitern, die dem Frühstücksdirektor unterstellt sein müssen (wegen der Außenwirkung), klar, wofür der Frühstücksdirektor eigentlich da ist. Im wahrsten Sinne des Wortes nämlich, um mit den Kunden zu frühstücken. Diese so abfällig klingende Berufsbezeichnung ist aber total durchdacht und mitnichten ehrenrührig. Denn das Frühstück ist die intimste Mahlzeit, die wir Menschen zu bieten haben.

Frühstückt der Direktor mit einem Kunden, so ist das ein Zeichen für eine bis ins Privatleben gepflegte Kundenbeziehung. Ein Frühstücksdirektor frühstückt natürlich nicht nur mit Kunden, er luncht und dinniert, er geht zu Golf-Turnieren, lässt sich auf dem Poloplatz sehen und ist bei jedem öden Empfang und jeder Verleihung aller nur erdenklichen Awards dabei. Er kennt Gott persönlich und die Welt sowieso, er spielt privat Schach mit dem Aga Khan und macht in Charity mit der Frau des Bundespräsidenten.

Der Frühstücksdirektor ist der Hansdampf in allen Gassen, er hört die neuesten Gerüchte und beteiligt sich fleißig am Verbreiten eben dieser. Es gibt keinen Club, in dem er nicht Mitglied ist, von den Lions bis zur Havanna-Lounge.

Der Frühstücksdirektor ist ein Meister im Kontakteknüpfen, ein Magier des Smalltalk, ein Kraftwerk des Unverbindlichen. Er geht so sehr in seinem Beruf auf, dass sogar die Klassenkameraden seiner Kinder für das Beziehungsnetz genutzt werden. Neben der Visitenkarte erkennt man den Frühstücksdirektor an der unvergleichlich lässigen Art, mit der er einen italienischen Anzug aus Kaschmir-Seidengemisch zu tragen weiß.

Frühstücksdirektoren sind übrigens per se männlich. Frauen scheint das Networking-Gen zu fehlen, unverbindliche Beziehungspflege ist nichts für gestandene Weiber. Was nicht heißt, dass Frauen keine fantastischen Kundenbeziehungen haben könnten. Aber eben alles andere als unverbindlich. Sollte trotzdem mal eine Frau unter Genirritationen leiden und eine ausgemachte Beziehungsknüpferin sein, so wird diese Frau aller Wahrscheinlichkeit nach als Leiterin der PR-Abteilung oder als VIP-Betreuerin Karriere machen.

Der Frühstücksdirektor schwimmt wie ein Fettauge auf seiner eigenen Beziehungsbrühe. Wo er ist, da ist oben. Aber eben nicht ganz oben. Denn dafür fehlen ihm einige entscheidende Qualitäten. Der einzige Mensch, der das nicht glaubt, ist der Frühstücksdirektor selbst, und damit sind wir beim wirklichen Schlamassel dieses ansonsten ganz sympathischen Zeitgenossen.

Er will sich einfach nicht damit abfinden, dass der Rest der Welt ihn für einen nützlichen Idioten hält. Deshalb mischt er sich leider immer wieder ins Tagesgeschäft ein, was in 99 Prozent aller Fälle schiefgeht. Denn außer beim Kontakteknüpfen ist Unverbindlichkeit im Geschäftsleben nicht unbedingt eine Tugend. Der Frühstücksdirektor ist aber nun mal Frühstücksdirektor geworden, weil er so gnadenlos unverbindlich ist. Er ist so stromlinienförmig wie ein Formel-1-Fahrzeug. Ehe man ihn festnagelt, hat man einen Vanillepudding mit Schokoladensauce an die Wand gehämmert.

Deshalb halten seine Mitarbeiter ihn oft für einen Taktierer. Oder für einen Feigling, für einen, dem der Arsch in der Hose fehlt. Viele denken, er habe einfach Angst sich festzulegen, weil er ein Blender ist, der mit seiner erfrischenden Art nur seine Inkompetenz überspielt. Irrtum.

Der Frühstücksdirektor ist alles andere als inkompetent. Er hat nur einfach keine Richtlinienkompetenz und im Prinzip keine Weisungsbefugnis. Auf seinem Gebiet ist er ein Virtuose, sonst hätte er diesen Direktorenjob nämlich nicht. Zugegeben, zu strukturierter Arbeit ist der Frühstücksdirektor wirklich nicht zu gebrauchen. Aber strukturiert arbeitende Menschen gibt es wie Sand in der Sahara, gute Frühstücksdirektoren sind dagegen so selten wie Süßwasseroasen.

Es gibt allerdings auch Organisationen, da schafft es der Frühstücksdirektor bis ganz an die Spitze. Wohlgemerkt Organisationen, nicht Unternehmen. Der Frühstücksdirektor ist prädestiniert für eine Position als Lobbyist oder als Geschäftsführer eines Verbandes. Da kann er viel kontakten und wenig Schaden anrichten, da wird ihm niemand vorwerfen können, dass er mehr Geld ausgibt, als er einnimmt, die Knete kommt mühelos, Monat für Monat, wie Strom aus der Steckdose.

Wer also einen Chef hat, von dem er sich täglich fragt, welche verdammten Leichen dieser Idiot mit dem Obermohr im Keller hat, sollte noch einmal genau hinschauen, was das Chefchen da wirklich treibt. Niemand, wirklich niemand, behält eine leitende Funktion ohne entsprechende Qualifikationen. Obermohren sind vielleicht Tyrannen, Egomanen oder Schlimmeres. Aber blöd sind sie nicht.

Für den Cheftyp des Frühstücksdirektors gibt es übrigens gute Nachrichten: Wer ihn zu nehmen weiß, wird ehrliche Freude an ihm haben. Wozu über Umsatz und Cash-Flow mit ihm reden, wer ihm von der neuen Ausstellung im Museum vorschwärmt, wird einen dankbaren Zuhörer haben. Wetten, dass beim nächsten Lunch Ihre Schilderung 1:1 weitergegeben wird?

Es gilt, diesen Schwerstarbeiter an der Beziehungsfront zu organisieren, damit er mit dieser unvergleichlichen Leichtigkeit seiner Arbeit nachgehen kann. Man braucht ihn nun wirklich nicht mit Fragen oder Entscheidungen zu belasten. Hier darf man sich total selbst verwirklichen. Tun Sie, was Sie für richtig halten, und bewundern Sie seine Erfolge, seinen neuen Brioni-Anzug, sein Auftreten und – vor allem – seine von Herzen ehrlich gemeinten Tipps, sei es für ein gutes Restaurant, den weißesten Strand oder die einsamste Bucht, den besten Schnee oder den besten Sportarzt. Und sorgen Sie dafür, dass sein Vorgesetzter mitkriegt, wie Sie seinen Frühstücksdirektor organisieren und – im Sinne der Firma – munitionieren. Dann steht Ihrem Aufstieg im Unternehmen nichts mehr im Wege. Der Einzige, der sich übrigens über Ihr Weiterkommen wirklich freuen wird, ist der Frühstücksdirektor. Ehrlich.

Wer erkannt hat, dass sein Chef kein Idiot, sondern als Frühstücksdirektor eingestellt worden ist, hat wirklich gut lachen. Dieser Chef ist ein durch und durch angenehmer Zeitgenosse und als Chef eher anspruchslos. Mit ihm kann man herrlich plaudern. Die einzige Herausforderung: seine hinreißende Unbekümmertheit. Geben Sie ihm Struktur.

Der Gschaftlhuber

Der Gschaftlhuber ist der Anstrengendste unter den Chefs. Er ist so beschäftigt, dass es wehtut. Er ist permanent unter Druck, es gibt kein Meeting, bei dem er nicht eigentlich ganz woanders sein müsste, er hat niemals auch nur zwei Minuten, um sich auf irgendetwas zu konzentrieren. Die ganze Welt will etwas vom Gschaftlhuber, sein Handy klingelt pausenlos, sein Terminkalender sieht aus wie eine Kindergartenzeichnung, und eigentlich weiß er nie, ob er sich in Mailand, New York oder Fallingbostel befindet. Es gibt da diesen alten Witz mit dem Taxifahrer, der den großen Dirigenten Karajan fragt, wohin er denn fahren wolle, und zur Antwort bekommt: *Egal wohin, ich werde überall gebraucht.*

Dieses Gefühl benötigt der Gschaftlhuber so dringend zum Leben wie andere Menschen das Schüsselchen Reis am Tag. Der Gschaftlhuber definiert sich selbst aus dem Gefühl der Unentbehrlichkeit heraus, und die größte Freude kann man ihm mit einem plötzlich und unerwartet angesetzten Termin machen, denn dann ist die gesamte Lebenskunst des Gschaftlhubers gefragt.

Dabei sind cirka 90 Prozent dessen, was den Gschaftlhuber so umtreibt, selbst verschuldete Hektik. Wer jedem seine Handynummer gibt, braucht sich über Dauertelefonate nicht zu wundern. Und da der Gschaftlhuber sich selbstverständlich auch noch die neuesten Nachrichten per SMS aufs Handy spielen lässt, sieht es eben für den Rest der Welt so aus, als ob er ständig angemorst werden würde.

Die Tatsache, dass der Gschaftlhuber niemals zwei Minuten Zeit hat, sich auf irgendetwas zu konzentrieren, führt dazu, dass er niemals eine Entscheidung fällen muss. In der Fassbarkeit ist er genauso stromlinienförmig wie der Frühstücksdirektor, nur dass er nicht unterwegs zu einem Empfang, sondern unterwegs zum nächsten Meeting, zur nächsten Präsentation, zum nächsten Termin ist. Würde es für den Gschaftlhuber ein Symbol geben, dann wären es fliegende Rockschöße. Da der Gschaftlhuber sich selbst ständig unter Zeitdruck setzt, neigt er natürlich auch als Chef dazu, seine Mitarbeiter permanent unter Zeitdruck zu setzen.

Wohlgemerkt: Auch der Gschaftlhuber wird niemals ein großer Big Boss werden, auch dafür ist er einfach zu beschäftigt. Aber bis auf die höchste Stufe seiner Inkompetenz wird er es zwischen Tür und Angel schon bringen. Denn die Methode hat System und die ein oder anderen Vorteile.

Diese Art von Geschäftigkeit ist die Kehrseite einer Medaille namens »Aussitzen«. Die meisten Probleme erledigen sich eh von allein, sprich, sie haben sich bereits erledigt, wenn der Gschaftlhuber mal Zeit hat. Es kann Jahrzehnte dauern, bis seine Kollegen gemerkt haben, dass sich hinter der ganzen Beschäftigung nichts als die Angst vorm Versagen verbirgt. Denn der Gschaftlhuber schafft es, allen Teammitgliedern das Gefühl zu geben, dass er immer derjenige ist, der gerade die wichtige Arbeit macht, während sich die anderen mal nett bei einem Tässchen Kaffee zusammensetzen und ein bisschen über das neue Konzept nachdenken. Es fällt einfach niemandem auf, dass dieser ach so wichtige Zeitgenosse grundsätzlich immer dann weg muss, wenn er das Gefühl hat, dass man einen geistigen Beitrag von ihm fordert. Der Gschaftlhuber kaschiert durch sein ganzes Gschaftl, dass er außer heißer Luft eigentlich recht wenig zum Gelingen des Unternehmens beitragen kann.

Wie gut, dass der Gschaftlhuber Mitarbeiter hat. Die können, sobald er weg ist, endlich richtig arbeiten. Gefürchtet sind allerdings die Termine, die der Gschaftlhuber ansetzt, um sich ins rechte Licht der Öffentlichkeit zu setzen. Denn dabei verursacht er dermaßen viel Wind, dass selbst ausgeglichene Gemüter gereizt reagieren. Einfache Vorgänge, in die ein Gschaftlhuber sich einmischt, scheinen sich zu verhalten wie Maiskörner in der Pfanne: Es ploppt und poppt ziemlich laut, aber zum Schluss ist es eben doch nur Popcorn, was dabei rauskommt. Mit viel heißer Luft innen drin.

Gschaftlhuberchefs lieben es, ihren Mitarbeitern das Gefühl zu geben, dass sie Tag und Nacht im Einsatz sind. Da gibt es Exemplare, die nach einem Theater- und Restaurantbesuch noch mal schnell im Büro vorbeischauen, um ein paar gezielte Mails zu streuen, und sich in heimlicher Vorfreude die Hände reiben, wenn sie an die Gesichter ihrer Mitarbeiter denken, die Mails mit Kennzeichnung 0.10 Uhr öffnen. Der Gschaftlhuber schafft es auch, sich bis 17.00 Uhr ausschließlich um seine Privatangelegenheiten zu kümmern (was natürlich niemand mitkriegt, denn man hört eindeutige Arbeitsgeräusche aus seinem Zimmer), um dann, wenn seine Sekretärin endlich nach Hause will, mit der Arbeit anzufangen. Wer unter einem Gschaftlhuber schafft, braucht gute Nerven. Aber auch einen Gschaftlhuber schlägt man am besten mit seinen eigenen Waffen.

Stress, dein Name ist Chef. Wenn Chef droht, Sie mal wieder mit seiner unnötigen Hektik vollkommen fertigzumachen, dann hilft nur eins: Rückdelegation. Setzen Sie ihn definitiv unter Stress und verlangen Sie von ihm eine Entscheidung. Sie wissen doch, dass ihn das umgehend in die Flucht schlägt.

Der Aussitzer

Der Aussitzer ist die andere Seite der Medaille. Aussitzer neigen dazu, alles, was kommt, auf unbestimmte Zeit zu verschieben – in der Hoffnung, dass die Angelegenheit sich dann erledigt hat. Insofern scheinen Aussitzer zunächst als recht gemütliche Chefs. Sie scheinen ihre Mitte gefunden zu haben und wirken durchaus ausgeglichen, fast stoisch. Sie irritieren ihre Umwelt und ihre Mitarbeiter mit dieser Mich-kann-nichts-erschüttern-Ausstrahlung zutiefst. Aufgrund genau dieser Ausstrahlung haben sie auch ihren Job bekommen, egal, was sie sonst noch draufhaben. Diese Chefs thronen wie Buddha persönlich über ihrer Mannschaft und zeigen der Welt ihre breite Schulter. Deshalb sollte allerdings niemand auf die Idee kommen, sich an genau dieser breiten Schulter auszuweinen, Probleme, egal welcher Art, hassen Aussitzer noch mehr als alle anderen Cheftypen. Ihre breite Schulter ist nichts anderes als die geniale Tarnung eines Supersensibelchens. Mehr als ein Taschentuch hat dieser Chef nicht zu bieten, denn er wird sich niemals wirklich vor einen Mitarbeiter stellen. Der Aussitzer weiß, dass es für alles den richtigen Zeitpunkt gibt und seine Informationssammlung, wie denn die Zeit einzuschätzen sei, ist immens. Gehen die Geschäfte schlecht, steuert der Aussitzer nicht etwa dagegen, sondern schaut sich erst mal an, was die Mitbewerber machen. Geht es denen auch schlecht, zuckt der Aussitzer mit den Schultern und macht weiter wie bisher. Alles Unangenehme perlt an diesen Buddhas ab wie mit Pril gespült. Aussitzer relativieren alles Unangenehme. Übertragen es auf ein größeres Ganzes.

Nichts hassen Aussitzer so sehr wie Veränderungen. *Das haben wir schon immer so gemacht*, ist integraler Bestandteil des Sprachschatzes von Aussitzern. Erstaunlicherweise haben viele Aussitzer mit dieser Methode erheblichen Erfolg. Es ist, als ob sie spöttisch auf die Welt guckten und denken würden, *ach, macht ihr mal, es kommt, wie es eben immer kommt.* Dabei berufen sie sich gern auf Erfahrung – selbstverständlich haben Aussitzer (wie jeder vernünftige Mensch, der noch seine fünf Sinne beisammen hat) ihre Erinnerungen so gefiltert, dass nur das, was mentalitätskonform ist, sich im Stammhirn zu Wort meldet.

Wenn im Vorzimmer die Drähte heißlaufen, hat der Aussitzer mit Sicherheit bereits vor Stunden die Parole *Ich bin nicht da* herausgegeben. Wird es gar zu arg, ruft er über die Gegensprechanlage: *Sagen Sie, ich bin auf Dienstreise!*, was im Zweifelsfall der Anrufer brühwarm mitkriegt.

> **Für diesen Chef braucht man die Geduld eines Engels.** Egal wie stressresistent Ihr Chef auch wirkt, wenn Sie nicht enttäuscht werden wollen, dann verlassen Sie sich bloß nicht auf seine Rückendeckung.

Der Bremsklotz

Wenn es nach dem Bremsklotz ginge, würden wir immer noch mit MS-DOS-Rechnern arbeiten. Denn ehrlich gesagt, wartet er immer noch darauf, dass irgendwann etwas erfunden wird, das tatsächlich besser ist. Als Chef im eigenen Unternehmen erkennt man den Bremser an den Faxnachrichten, die er zu schreiben pflegt bzw. um die er – im Übrigen ohne schamesrot zu werden –

bittet. Eigentlich lebt der Bremser immer in der Vergangenheit, er ist der Bewahrer im Unternehmen. Das muss nicht immer schlecht sein, ein bisschen Tradition kann nie schaden. Wohlgemerkt: ein bisschen. Wenn man dem Bremser die Entscheidung überlassen würde, dann gäbe es keine Innovationen.

Der Bremser hält sich für den Erzengel Gabriel. Denn er passt auf, dass keine übereilten Entscheidungen getroffen werden. Erst, wenn alles wieder und wieder geprüft und gerechnet ist, dann wird er sich herablassen, irgendetwas abzunicken. Die Grenze zum Aussitzer ist dabei natürlich nur ein schmaler Grat. Der Bremser richtet seine gesamte Fantasie auf alle möglichen negativen Folgen. Damit wirkt er dermaßen destruktiv, dass er seine Mitarbeiter total lähmen kann. Das haben wir schon immer so gemacht, ist seine Lieblingsbegründung. Neuerungen fürchtet er wie der Vampir die Morgensonne. Seine Lieblingsbeschäftigung ist das Nachrechnen. Mit seiner hinreißenden Kleinkariertheit kann er die Geduld eines jeden Mitarbeiters aufs Gemeinste strapazieren.

Da ist zum Beispiel Gerhard. Gerhard ist der Chef einer angesehenen Wirtschaftsprüfungsgesellschaft. Gerhard besteht darauf, alle Bestellungen für Büromaterial selbst zu unterschreiben. Na bitte, denken seine Mitarbeiter, wenn es ihn denn glücklich macht. Was Gerhard ganz und gar nicht glücklich macht, ist der für ihn nicht nachvollziehbare, übertriebene Verbrauch von Klebestiften. Er hat mal nachgerechnet, seine 45 Mitarbeiter haben in den vergangenen acht Wochen 20 Klebestifte bestellt. 20 Klebestifte! Das Stück für 1,75 Euro, macht 35 Euro. Es wäre ja nicht so schlimm gewesen, wenn man die 20 Klebestifte im Vorratspack gekauft hätte. Aber nein, die Dinger wurden einzeln bestellt, und das, nachdem vor zwei Monaten bereits 30 Klebestifte geliefert worden waren. Gerhard wird unruhig. Klaut da jemand in seiner

Firma? Schnüffelt da jemand Klebstoff? Also geht Gerhard den Dingen auf den Grund. Er schickt seine Sekretärin auf die Suche. Als die – Stunden später – mit 45 halbangebrochenen Klebestiften zurückkommt, ist es Zeit für eine gepfefferte Aktennotiz. Dass Gerhard für 35 Euro sich selbst zwei Stunden und drei Stunden seine Sekretärin beschäftigt hat, wird ihm wohl nur ein Erbsenzähler vorrechnen, nicht wahr?

Bei diesem Chef brauchen Sie keine neue Arbeitsmethoden oder Programme zu erlernen, dafür ist auch kaum Zeit, schließlich müssen Sie fast jeden Brief zweimal schreiben und viermal ausdrucken, damit er in den verschiedenen Vorgängen auch richtig abgelegt werden kann. Aber dafür können Sie bei ihm auf die Sekunde pünktlich Feierabend machen.

Der ganz Liebe

Diesen Typ Chef findet man meist nur in staatlichen Organisationen, bei denen man noch aufgrund von Dienstalter und Zugehörigkeit die Chance hat, ganz nach oben zu kommen. Der ganz Liebe versteht sich als Moderator des Unternehmens. Eigentlich ist ihm das Führen innerlich zuwider, er glaubt an das Gute im Menschen, und er will, dass sich alle in seinem Einflussbereich absolut wohl fühlen und gleichermaßen am Erfolg des Ganzen teilhaben. Mit dieser Haltung produziert der Harmoniesüchtige leider meist aber das Gegenteil.

Da ist zum Beispiel Peter, er ist der Leiter eines Bezirksamtes. Peter ist so ein richtig Netter, mit der jährlichen Weihnachtsfeier gibt er sich richtig Mühe, und natürlich hat Peter immer Verständnis für seine ihm unterstellten Mitarbeiter.

Da ist Laura mit vier Kindern, die eigentlich so gut wie nie da ist, weil irgendwas immer mit den Kindern ist, und wenn sie da ist, dann kann sie sich auch nicht auf ihre Arbeit konzentrieren, weil immer eines ihrer Kinder anruft. Peter hat selbstverständlich Verständnis für die tapfere Frau, die mühsam versucht, ihren 38-Stunden-Job mit den Fahrdiensten, Notfall- und Telefondiensten für ihre Kinder zu koordinieren.

Ihre Kolleginnen, die meisten ebenfalls Mütter, haben irgendwann gar kein Verständnis mehr, denn sie müssen Lauras Job mitmachen. Sie haben mit dieser Kollegin viermal Masern, viermal Mumps, unzählige Grippe- und Erkältungsanfälle, zwei Fahrradunfälle und einen genähten Daumen überstanden. Aber irgendwann läuft das Fass über. Leider werden Lauras Kinder auch noch pampig, wenn sie mal wieder *Kann ich mal meine Mutter sprechen?* ins Telefon nuscheln. Nachdem sich die Beschwerden häufen, dass die anfallenden Arbeiten in der Abteilung viel zu lange benötigen, traut sich eine Kollegin, das Kind beim Namen zu nennen. Jetzt also wäre Peter als Moderator gefragt. Vielleicht ein Gespräch unter vier Augen, in dem man die Möglichkeiten eines Halbtagsjobs (vormittags, wenn die Kids in der Schule sind) und alle staatlichen Zuschüsse erörtern könnte. Aber Peter denkt gar nicht daran, der armen Laura das Leben noch schwerer zu machen. *Nun sei'n Sie mal nicht so*, versucht er die aufgebrachte Kollegin zu beruhigen. Nur die beruhigt sich nicht, sondern wird jetzt erst recht sauer. Sie hat nämlich den Eindruck, dass jeder in diesem Amt machen kann, was er will, *nur ein paar Blöde arbeiten sich hier krumm.* Also verbündet sie sich mit den anderen Blöden. *Was die kann, können wir schon lange,* ist die Parole, die auf der Damentoilette ausgegeben wird.

Und bald hat der gutherzige Peter ein Problem, das sich nicht mehr durch ein Gespräch lösen lässt. Er hat zu Gunsten der behördlichen Harmonie seine Leistungsträger verprellt, und nun verweigern diese ihm die Gefolgschaft. So hatte sich Peter das Chefsein nicht vorgestellt. Eigentlich hatte er sich überhaupt nicht vorgestellt, Chef zu sein, aber im Laufe der Jahrzehnte blieb ihm einfach nichts anderes übrig, als dieses Amt zu leiten.

> **Drohen Sie ihm mit Liebesentzug,** wenn etwas nicht so läuft, wie Sie sich das in seinem Vorzimmer vorstellen. Diesen Chef stört ein Schmollen oder ein knapper ausgefallenes Guten Morgen so sehr in seinem Befinden, dass er schnell für Abhilfe sorgen wird.

Der Künstler

Es gibt nur wenige Künstler, die als Chefs wirklich glücklich sind. Regisseure, vielleicht. Die begnadeten Kreativen werden sowieso erst Chefs, nachdem sie sich selbstständig gemacht haben. Als Angestellte sind kreative Chefs meist die Unkreativsten der ganzen Abteilung. Sonst hätte man sie nämlich nicht auf den Chefsessel befördert. Wer verzichtet schon freiwillig auf einen brillanten Geist, der sich auf einem Chefsessel nur bedingt entfalten kann?

Natürlich macht sich ein begnadeter Kreativer nicht allein selbstständig, sonst wäre er nämlich nicht begnadet, sondern dumm. Aber er macht sich selbstständig aus Frust. Weil sein Chef, dieser Oberfiesling, sein Genie einfach nicht zu würdigen weis. Findet er in einer durchzechten Novembernacht noch einen Kollegen mit ausgeprägten kaufmännischen Fähigkeiten und ähnlichem Frust, dann steht der neuen Werbeagentur, der neuen Filmproduktion, dem aufstrebenden Architekturbüro außer unwilligen Hausbanken eigentlich nichts mehr im Wege.

Wer in eine solche Chefgemengelage gerät, hat nicht wirklich etwas zu lachen. Denn innerhalb kürzester Zeit werden sich die beiden Recken an der Firmenspitze gegenseitig beharken. Die uralte Frage, was war zuerst da, die Henne oder das Ei, treibt die beiden um und macht sie blind für alle Belange der Belegschaft. Der Streit, wer für den aufgehenden Stern am Film-, Werbe- oder Architekturhimmel wichtiger ist, also der Kreative, der für die obergeilsten Kampagnen seinen Kopf hinhält, oder der begabte Kaufmann, der es geschafft hat, bei namhaften Firmen Pitches zu akquirieren und Banken zu bequatschen.

Kreative benötigen ständig Beifall. *Und wenn du meine Verse nicht lobst, lass ich mich von dir scheiden* – das Lied von Lothar von Versen trifft die Gemütslage des Kreativen im Kern. Wer mit einem kreativen Chef klarkommen will, muss ihn loben. Der Kaufmann an der Seite des Kreativen hat von der Eitelkeit des Kreativen natürlich ganz schnell die Nase voll, auch er will bewundert werden, als toller Chef, als genialer Akquisiteur, bekannt für seine einzigartigen Deals. Ja, sagt er sich in einer stillen Stunde, auch er ist ein Künstler.

Mithin wird die gesamte Belegschaft in zwei Teile geteilt: Die Kreativen werden gegen die Kaufleute ausgespielt, und die schießen mittels Buchhaltung zurück. Der Kampf wird so lange toben, bis den Kreativen nichts mehr einfällt, die Pitches verloren gehen und die Buchhaltung SOS signalisiert. Aber selbst dann geht die Nacht der langen Messer weiter, denn inzwischen hassen sich die Chefs bis aufs Blut, und es wird weitergefightet ohne Rücksicht auf Verluste.

In dieser Phase finden ihre Mitarbeiter in einer durchzechten Novembernacht endlich zueinander, und das System kriegt Junge.

Sie sind kein Scheidungskind, sondern Sekretärin. In solchen Firmen kann man nur überleben, wenn man die absolut Unparteiische gibt. Und die zieht die Rote Karte, wenn man sie offensichtlich auf eine Seite bringen will.

Der Egomane

Der Egomane ist die schlimmste Ausprägung Chef, die es gibt. Der Egomane traut nichts und niemandem, nicht, weil er schlechte Erfahrungen gemacht hat, sondern weil er sich selbst für den Besten hält und alle anderen für minderwertige Tölpel. Was natürlich dazu führt, dass der Egomane niemals irgendwas schafft, denn er versucht, die Arbeit von zig Leuten gleichzeitig zu erledigen. Er ist schlicht mentalitätsmäßig nicht in der Lage zu delegieren, so dass man den Egomanen selten an der Spitze großer Organisationen findet. Aber es gibt mittlere Unternehmen wie Sand am Meer, in denen sich ohne den Boss kein Rädchen bewegt, weil er keinen seiner Mitarbeiter in die Lage versetzt hat, irgendwas zu entscheiden, zu unterschreiben, zu erledigen. Seine Mitarbeiter bilden den Hofstaat, ihre Funktion besteht ausschließlich darin, die Illusion aufrechtzuerhalten, dass er tatsächlich Chef ist.

Es gibt nur wenige Mitarbeiter, denen er – zähneknirschend – ein gewisses Maß an Selbstständigkeit gestattet, unter anderem, notgedrungen, seiner Sekretärin. Denn tippen kann er nicht, mit der Telefonanlage kommt er nicht zurecht, und dieser ganze Quatsch mit Anhängen, die man öffnen muss, ist auch nicht sein Ding. Dafür hasst er seine Sekretärin. Zumindest ein bisschen.

Wer mit einem Egomanen auskommen will, sollte immer seine Erfolge bewundern und ihn ständig um Rat fragen. Will man eine Idee umsetzen, dann braucht man ihm nur einzureden, es wäre seine. Ansonsten wird in diesen Firmen viel Kaffee getrunken. Wenn er nicht da ist.

10. Grau ist alle Theorie – die zehn Gebote für Chefs

Mit zunehmender Globalisierung und Technisierung verändern sich die Sitten und Gebräuche in unseren Büros immer schneller. Das, was gestern noch allgemeiner Standard war, ist heute bereits Geschichte. Unser Wissen veraltet schneller, als wir bei Google ein Suchwort eintippen können. Aber unterscheiden sich die Anforderungen, die man heute an uns stellt, wirklich so sehr von früher?

Natürlich würden wir gern vermelden, dass die Chefs von heute freundlicher, kompetenter, toleranter, offener – eben nicht mehr so cheffig sind. Leider ist das Gegenteil der Fall. Die Chefs von heute haben nie den Hof gefegt. Das, was es zu lernen galt, ist theoretisch erworbenes Wissen. Und wir wissen ja: Grau ist alle Theorie.

Jede Sekretärin kriegt Berge von Seminarangeboten für ihren Chef auf den Schreibtisch. Liest man sich die Angebote zur Weiterbildung von Führungskräften genau durch, kann man nur staunen. Es geht um die Soft Skills, Managersprech für soziale Kompetenz. Hier ein kurzer Überblick über die Kompetenzen, die unsere Chefs laut den aktuellen Seminarangeboten ganz dringend und für viel Geld trainieren müssen: Empathie, Konfliktkompetenz, Kritikkompetenz, kulturelle Kompetenz, Menschenkenntnis, Motivierungsvermögen, Moderationskompetenz, Networking-Kompetenz, nonverbale Sensibilität, Präsentationskompetenz, Teamfähigkeit, Überzeugungsvermögen, Verhandlungsgeschick,

konstruktive Lebenseinstellung, Lese- und Lernkompetenz (!),
Schlagfertigkeit, Selbstbewusstsein, Selbstvermarktungsfähigkeit,
Delegationskompetenz, Entscheidungsstärke, systemisches Denken.

Ach du Schreck! Wo soll das denn herkommen? Kann man
nonverbale Sensibilität oder Teamfähigkeit im fortgeschrittenen
Alter eigentlich noch lernen? Welcher Trainer kann Schlagfertigkeit
oder Selbstvermarktungsfähigkeit vermitteln, welches Managerseminar
lehrt Entscheidungsstärke oder Kritikkompetenz? Bei
all dem handelt es sich um Fähigkeiten, die wir bereits im Kindergartenalter
lernen. Oder eben nicht. Sind gute Cheffähigkeiten
also ein Erfolg guter Kinderstube?

Nicht wenige Sekretärinnen stöhnen, wie schlecht erzogen ihre
Chefs sind. Und damit meinen sie nicht bzw. nicht nur rülpsende
Topmanager, die sich beim Verlassen der Toilette noch den Hosenschlitz
zuziehen, ohne sich die Hände gewaschen zu haben,
mit denen sie dann gierig nach unserer Schokolade greifen. Sondern
sie meinen das, was man früher Herzensbildung nannte.

Einfachste Formen der Höflichkeit scheinen in den vergangenen
dreißig Jahren bei der Erziehung in Vergessenheit geraten zu sein.
Man hat mitunter den Eindruck, dass die Worte bitte und danke
nur in der vierten Fremdsprache an den Schulen gelehrt wurden.

Die Chefs, die jetzt die obersten Hierarchieebenen erklimmen,
sind die Kinder der antiautoritären Erziehung. Respektlosigkeit
und Selbstverwirklichung, freie Willensentfaltung und das Ablehnen
von Hierarchien lauteten die Maximen ihrer Erziehung. Respekt,
Rücksicht, Einfühlungsvermögen, Verantwortung oder gar
Demut standen nicht auf ihrem Stundenplan.

Glaubt man aber den bunten Prospekten der Managementtrainer,
dann müssen unsere Chefs soziale Fähigkeiten entwickeln,

die sie glatt für eine Bewerbung als Papst qualifizieren würden. Schauen wir uns mal die zehn Gebote an, die die Managementtrainer wie ein Mantra wiederholen:

Erstes Gebot:
Du sollst Empathie entwickeln

Während Chefs von uns verlangen, ihre Launen und Befindlichkeiten bereits Stunden im Voraus zu erahnen, glänzen die Herren im anthrazitfarbenen Zwirn durch bemerkenswerte Stumpfheit.

Wie soll eine Sekretärin grenzenloses Vertrauen in die Zukunftsfähigkeit ihres Chefs fassen, wenn dieser sich bei Gott nicht daran erinnern kann, dass sie gegen Mimosen allergisch ist. Hat er, wie der sprichwörtliche Elefant das Meissner Porzellan im Vorzimmer zerdeppert, entschuldigt er sich mit schöner Regelmäßigkeit mit einem überdimensionierten Blumenstrauß, für den es außer dem Putzeimer nicht mal ein geeignetes Gefäß im Betrieb gibt und dessen Füllmaterial zu 80 Prozent aus Mimosen besteht, gegen die wir allergisch sind. Was will Chef uns damit sagen? Dass wir nicht so empfindlich sein sollen?

Weshalb sollte eine Sekretärin von den überragenden Fähigkeiten ihres Chefs überzeugt sein, bloß weil er ihr zum 11. 11. eierlikörgefüllte Berliner auf den Schreibtisch stellt, obwohl er ganz genau weiß, dass sie seit drei Tagen auf Diät ist.

Wie kann man von einem Topmanager erwarten, dass er sich auf die Bedürfnisse der Kunden des Unternehmens einstellt, wenn dieser weiß, dass seine Sekretärin es hasst, im Durchzug zu sitzen und davon Ohrenschmerzen bekommt, er aber grundsätzlich die Tür auflässt, wenn er das Büro verlässt.

Wie kann man von einem Chef erwarten, dass er die Produkte des Unternehmens zum Markterfolg führt, wenn er ihr ein schönes Wochenende und *viel Spaß* am Freitagabend wünscht, obwohl er weiß, dass sie fünfhundert Kilometer fahren muss, um ihren todkranken Vater ins Pflegeheim zu schaffen.

Wie soll man einem Chef vertrauen, der ganz genau weiß, dass seine Sekretärin bereits von einem Schluck Sekt Kopfschmerzen bekommt, sie aber zur Feier ihres Geburtstages dazu nötigt, bereits um neun Uhr morgens mit ihm auf ihren Ehrentag anzustoßen.

Wie soll man zu einem Chef aufblicken, der nicht mal registriert, wenn sie sich von ihren langen Haaren verabschiedet hat und mit einer chicen Kurzhaarfrisur ins Büro kommt.

Kein Wunder, dass diese Manager auch ziemlich eigensinnig sind, wenn es um die Anforderungen von Kunden an ihre Produkte geht. Nehmen wir zum Beispiel mal einen Mittelklasse-Mercedes. Man braucht keine Marktanalyse, um zu wissen, dass ein solches Auto von vielen Taxifahrern und Vertretern gefahren wird. Das heißt von Menschen, die einen Großteil ihrer Arbeitszeit im Auto verbringen. Und nun schauen wir uns mal das Innere eines Mittelklasse-Mercedes an. Nachdem durch den Einbau von Airbags das Handschuhfach eingespart wurde, hat der Fahrer eines Mercedes quasi keine Ablagemöglichkeit mehr in seinem Fahrzeug. Das kleine Fach unter der Armlehne in der Mitte reicht gerade mal, um ein paar Kassetten und einen Kaugummi zu lagern. Größere Stücke, wie z. B. einen Timer oder gar eine Landkarte, kann man dort nicht unterbringen. Die Fächer in den Seitentüren sind derart schmal, dass dort höchstens der Kalender, den man umsonst in der Apotheke bekommt, hineinpasst. Während jede verdammte Reisschüssel inzwischen mit Cupholdern ausgerüstet ist, weigern sich die Ingenieure deutscher Karossen, dem Bedürfnis ihrer Kunden entgegenzukommen, ja sie empfinden das sogar als deklassierend. Auf die Frage, warum man im Winter grundsätzlich blind einparken müsse, weil die Heckscheibe durch den spritzenden Streusand innerhalb von Minuten blind sein würde, sagte ein Mercedes-Manager: *Wenn Sie hinten einen Scheibenwischer brauchen, dann müssen Sie sich ein billiges Auto kaufen, so was passt nicht zum Mercedes-Design.* Wen wundert es, dass so viele Verbraucher sich für eben diese preiswerteren Modelle (im klassischen Wortsinn) entscheiden?

Haben Sie in der letzten Zeit mal eine neue Geschirrspülmaschine erworben? Eine teure Geschirrspülmaschine aus deutscher Produktion widersetzt sich allen Bedürfnissen, die eine Benutzerin an eine Geschirrspülmaschine hat. Während ältere Teile in 45 Minuten das Geschirr sauber und trocken gespült haben, dauert es nunmehr Minimum 147 Minuten, sprich zweieinhalb Stunden, bis ein Waschgang durch ist. Das Geschirr ist danach natürlich nicht ganz trocken. Umweltfreundlich, sagt der Kundendienst. Diese Geschirrspülmaschinen sind darüber hinaus so konzipiert, dass man sie ganz altmodisch mit Klarspüler, Pulver und Salz bestücken muss. Die Tabs sollte man laut Kundendienst mit diesen modernen Maschinen nicht benutzen, sie schaden der Maschine. Danke, liebe Geschirrspülmaschinenentwickler, das war genau das, worauf Millionen von Verbraucherinnen dringend gewartet haben.

Die Probleme der Handysparte von Siemens kann man dann auch ganz schnell auf den Punkt bringen: Die Handys hatten einfach zu kleine Tasten. Coole Kids, die die kleinen Tasten noch virtuos meistern können, fanden allerdings Siemens ziemlich uncool. Und tschüss.

Merke: Empathie scheint in der Praxis bei uns nicht gefragt zu sein.

Zweites Gebot:
Du sollst Visionen aktiv vorleben

Karriere macht in Deutschland nicht der brillanteste Geist, nicht der größte Visionär und nicht der beste Motivator. Karriere macht man im Allgemeinen mit Stressresistenz. Je stressresistenter jemand ist, desto weiter wird er kommen. Stressresistenz scheint man zu riechen, es ist der Duft des Alpha-Tieres.

Spätestens in der dritten Woche seiner Trainee-Zeit in einem Unternehmen lernt ein Jungmanager, dass Visionen absolut unerwünscht sind. Allein bei dem Wort Visionen zucken Vorgesetzte und Mitarbeiter zusammen. Sie sind eben noch nicht vergessen, die großen Visionen der großen Manager der großen Konzerne, die sich als große Irrtümer mit großen Verlusten herausstellten. Ob es die große Vision vom großen integrierten Technik-Unternehmen des großen Vorsitzenden ist oder die große Vision vom großen internationalen Automobilkonzern eines anderen großen Vorsitzenden, die Mitarbeiter und Aktionäre warten heute noch auf den Shareholder Value. Visionen sind nämlich immer eins: teuer. Und haben eine sehr kurze Halbwertzeit.

Drittes Gebot:
Du sollst deinen Mitarbeitern Ziele setzen

Die Minimalanforderung an eine Führungskraft ist, dass sie führt, sprich ihren Mitarbeitern eindeutige Ziele setzt. Aber wo führen unsere Chefs uns hin? In die Pleite, in die Rezession, in die Verzweiflung, so scheint es zumindest für viele.

Führen setzt allerdings voraus, dass Chef weiß, wohin er seine

Mitarbeiter führen will. Während früher langfristige Unternehmensstrategien und über Generationen gewachsene Unternehmenskulturen zumindest in diesem Punkt Managern und Mitarbeitern eine gewisse Sicherheit gaben, wird heute zwar viel über Nachhaltigkeit geredet, aber umso weniger dafür getan. Die Unternehmensstrategien werden in vielen Unternehmen schneller gewechselt, als sie kommuniziert werden können. Ähnlich wie in der Politik werden keine langfristigen Ziele mehr verfolgt, sondern der Markt und seine wechselnden Moden werden kurzfristig befriedigt, nicht der Kunde steht im Mittelpunkt, sondern die Benchmark.

Die Sache mit dem dümmsten Bauern

Ein kleiner Ausflug in die Wirtschaftstheorie: Selbst der dümmste Bauer merkt irgendwann, wann man im Augenblick mit Schweinen richtig Kohle machen kann, sprich das Verhältnis von Aufwand und Ertrag bei Zucht und Mast in einem super guten Verhältnis steht. Das spricht sich bei den Bauern schnell rum, und schon mästet jeder, der über vier Wände verfügt, die man als Stall nutzen kann, Schweine. Mit dem Erfolg, dass ganz viel Schweinefleisch auf den Markt kommt. Da in unserer Marktwirtschaft aber bekanntlich die Nachfrage das Angebot regelt, kann die Nachfrage nach Schweinefleisch irgendwann nur noch über den Preis geregelt werden, sprich Schweinefleisch wird immer billiger, weil sich die Discounter mit Sonderangeboten gegenseitig totschlagen. Irgendwann steht der Ertrag für den Bauern in keinem Verhältnis mehr zum Aufwand. Der clevere Bauer überlegt also, wie er mit dem gleichen Aufwand wieder mehr Gewinn erzielen kann.

Wahrscheinlich wird er Rinder züchten, genauso wahrscheinlich ist es, dass seine rund 100000 Kollegen das Gleiche tun werden, und schon haben wir den Schlamassel: Rindfleisch wird so billig, dass sich Bullenmast bald auch nicht mehr lohnt. Also alle zurück auf Sau.

Warum Kunden heute wie Schweine behandelt werden

Ist der sogenannte Schweinezyklus in der Ernährungsindustrie noch nachvollziehbar, so erstaunt es doch den Betrachter, dass sogar die Geschäftspolitik von Banken heute dem Schweinezyklus folgt.

Nehmen wir an, Bank A formuliert als Ziel, möglichst viele Privatkunden an sich zu binden, denn die würden das große Geschäft bringen und vor allem die Sicherheit, die das Geschäftskundengeschäft so schmerzlich vermissen lasse. Die Banker schwirren nunmehr begeistert aus und versuchen, den vermögenden Privatkunden zu keilen, während sie die Kreditvergabe an Unternehmen auf ein Minimum reduzieren. Genauso wie Bank A machen das Bank B und C, was dazu führt, dass das Geschäft mit den privaten Krediten und Geldanlagen immer mehr Banken unter sich aufteilen müssen, was zu immer schlechteren Konditionen für die Bank führt, denn mit irgendwas muss man den vermögenden privaten Kunden ja ködern.

Es ist also nur eine Frage der Zeit, wann Bank E auffällt, dass irgendwo Unternehmen im freien Raum herumschwirren, die einen irrsinnigen Kreditbedarf haben, und andere Firmen, die gar nicht mehr wissen, wo sie ihren Cash gewinnbringend zwischenparken sollen. Bank E wird also zum Halali auf die Geschäftskunden blasen, und schon hat der Durchschnittsbürger ein Problem, wenn er eine Hypothek für sein Häuschen im Grünen braucht. Denn Bank A, B, C und D haben selbstverständlich den Markt beobachtet und gesehen, dass E plötzlich höhere Gewinne macht als sie selbst. Also wendet man sich wiederum ausschließlich dem Geschäftskunden zu. Der wird nun mit einer millionenteuren Werbung und Lockangeboten zurückerobert, nachdem man ihn drei Jahre zuvor geradezu hinauskomplimentiert hat.

Und das soll nun der Manager seinen Mitarbeitern erklären, als Ziel setzen, als Vision vorleben. Himmel, das Einzige, was einem Manager dazu einfällt, ist, dass er die Benchmark erreicht, eine vernünftige Gratifikation erhält, seinen Job nicht verliert und nicht feindlich übernommen wird, und wenn doch, dann bitte mit einer Millionenabfindung. Das heißt, auch der Chef hat Angst, wohl wissend, dass hinter jeder Ecke ein Karrierestolperstein lauert. Denn Unternehmen wachsen heute nicht mehr, Unternehmenswachstum wird fast ausschließlich durch Unternehmenszukäufe erzielt. Und so ein Zukauf, eine feindliche Übernahme oder eine Fusion können nicht nur Tausende Mitarbeiter, sondern auch Top-Manager über Nacht überflüssig machen.

Viertes Gebot:
Du sollst deine Mitarbeiter motivieren

Theoretisch weiß natürlich jeder Chef, dass er seine Mitarbeiter motivieren muss. Nur womit? Visionen sind out, und die Ziele wechseln schneller, als man sie kommunizieren kann. So mancher Chef ist selbst so deprimiert, dass er seine Mitarbeiter einfach nicht mehr mitreißen kann. Oder zu beschäftigt. Statt auf

Motivation – im Grunde nur ein anderes Wort für Begeisterung – setzen viele Chefs in Zeiten wirtschaftlicher Schwierigkeiten auf Angst. Sie verlassen sich darauf, dass ihre Mitarbeiter aus Angst, ihren Job zu verlieren, alles geben.

Sie selbst sind nur durch ihre Angst, ihre Macht zu verlieren, motiviert. Deshalb glauben sie, dass jeder andere a priori auch motiviert sein müsse. Bei Sekretärinnen funktioniert diese Denkweise aber nun mal nicht: Den Aufstiegschancen sind Grenzen gesetzt, und auch das Gehalt ist nicht beliebig nach oben zu treiben. Eine Sekretärin, die gern Sekretärin ist und nicht Abteilungsleiterin werden will, muss man zu Spitzenleistungen und Überstunden motivieren. Und was fällt unseren Führungskräften dazu ein? Nichts. Vielleicht eine Prämie. Mal. Dabei wäre es eigentlich ganz einfach. Chef bräuchte sich doch bloß die Zeit zu nehmen, seine eigenen Erfolgsziele gegenüber seiner Sekretärin so zu formulieren, dass sie sagt: Klar, das schaffen wir, wäre doch gelacht, wenn so ein tolles Team wie wir das nicht hinkriegen. Weil wir nämlich auch unseren Stolz haben. Weil wir das Gefühl haben wollen, dass unser Sondereinsatz auch gesehen und geschätzt wird.

David und Goliath – Motivation ist ein Kinderspiel

Was die Motivation betrifft, haben alle Unternehmen einen Schweinezyklus. In einem jungen, aufstrebenden Unternehmen die Mitarbeiter zu motivieren, ist ziemlich einfach. Es reicht, die Parole auszugeben: Wir wollen die Größten sein, wir wollen die Nr. 1 werden, wir machen die beste Arbeit. Die Mitarbeiter erkennen eindeutig das Ziel und rennen los. Wer will nicht dabei sein bei der Nr. 1? Wer will nicht die beste Firma der Branche mit aufbauen? Wer will nicht über sich selbst hinauswachsen? Je schwieriger der Weg, desto stärker die Motivation der Mitarbeiter. David kämpft gegen Goliath. Da wird jeder Meilenstein des Erfolges mit einer Party gefeiert, da ziehen alle am gleichen Strang, da werden keine Managementseminare oder Selbsterfahrungscamps benötigt. Da gibt es bei Erfolg auch mal eine Prämie oder ein bisschen mehr Gehalt, aber darauf kommt es nicht an. Das Ziel ist eindeutig, und das Ziel heißt oben.

Kaum hat das Unternehmen das Ziel erreicht und ist oben angelangt, passiert Folgendes: Die Firmenleitung hat verdammt viel damit zu tun, ihren eigenen Erfolg zu verkraften. Die Mitarbeiter, die die Firma zum Erfolg geführt haben, würden jetzt eigentlich auch ganz gerne von dem Erfolg profitieren. Plötzlich sehen sie, dass es ihren Chefs besser geht. Da stechen plötzlich die schwarzen Edelkarossen der Bosse auf dem Firmenparkplatz ins Auge, da kriegen Mitarbeiter bei der Gehaltsverhandlung zu hören, dass der jüngere Mitarbeiter für weniger Geld mehr leistet, da klingt plötzlich Gebrüll aus der Chefetage, weil jeder der Chefs nunmehr den Erfolg für sich alleine reklamiert.

Das Unternehmen, mit dem sich die Mitarbeiter gestern noch identifiziert haben, ist über Nacht vom David zum Goliath geworden, zu jenem tölpelhaften Riesen, der sich gegen die Steinschleudern dieser Welt zur Wehr setzen muss.

Je größer Unternehmen werden, desto unbeweglicher werden sie. Von schlauen Unternehmensberatern werden Philosophien für Unternehmenskulturen ersonnen, die den Mitarbeitern wieder Sinn stiften sollen. In Zeiten wirtschaftlicher Not, wenn hunderttausende Mitarbeiter entlassen werden, wirken solche Philosophien dann wie blanker Hohn und bewirken bei den Mitarbeitern das genaue Gegenteil.

Fünftes Gebot:
Du sollst Gefühle zeigen und offen damit umgehen

Du sollst menschlich sein, menschliche Nähe suchen, fordern Managementtrainer. Aber wer Gefühle zeigt, zeigt seine schwache Seite und macht sich damit angreifbar. Und genau das ist es, was unsere Manager auf keinen Fall wollen. Auch wenn das Gegenteil proklamiert wird, im Geschäftsleben ist jede Gefühlsäußerung verpönt. Und das fängt schon mit der inneren Einstellung zur eigenen Arbeit an.

Leidenschaft wird abgeschafft

Es gibt Menschen, die verrichten ihre Arbeit voller Leidenschaft. Weil sie das, was sie da tun, gern tun. Wobei die Höhe der Position nicht ein Gradmesser von Leidenschaft ist. Es gibt unzählige Sekretärinnen, die ihren Beruf wirklich mit Leidenschaft ausüben. Das Problem mit Leidenschaft, der stärksten aller Emotionen im Berufsleben, ist, dass sie uns verletzbar macht.

Nehmen wir zum Beispiel einen Heizungsinstallateur, der eine Leidenschaft für gut verlegte Rohre hat. Er liebt seinen Job genauso wie der von Elementarteilchen besessene Physikprofessor. Der selbstständige Heizungsinstallateur kann es sich im Allgemeinen auch leisten, gut verlegte Rohrarbeiten zu lieben (wer träumt nicht von einem leidenschaftlich guten Heizungsinstallateur), ebenso wie dem Physikprof ein jeder seine Leidenschaft zugesteht. Soll er doch veröffentlichen, bis er schwarz wird, er schadet ja keinem. Nehmen wir einmal an, der Physikprofessor ist aber nicht an der Uni, sondern in einem multinationalen Konzern in der Atomforschung tätig. Nehmen wir ferner mal an, unser begnadeter Heizungsmonteur ist in dem gleichen Konzern tätig. Der Konzern baut ein neues Forschungszentrum, für das unser leidenschaftlicher Rohrefreak das gesamte Heizungs- und Kühlsystem bauen soll, und unser Prof soll später die Leitung der Forschungseinrichtung übernehmen. Natürlich stellt der Prof bestimmte Ansprüche, wie die Einrichtung beschaffen sein muss, und unser Monteur stellt an seine Arbeit ebenfalls Ansprüche. Nun kommt aber das Controlling und sagt: viel zu teuer. Geht nicht. Müsst ihr anders machen. Der Heizungsmonteur wird genauso wie der Professor sagen: *Geht nicht. Machen wir nicht. Nicht mit mir. Ich bin doch kein Stümper. Da müssen sie sich einen anderen suchen.*

Und genau das ist der Grund, warum Menschen, die mit Leidenschaft ihren Job verrichten, in den meisten großen Unternehmen nicht gefragt sind. Je größer eine Organisation ist, desto schlechter kann sie mit Emotionen umgehen, und Leidenschaft für den eigenen Beruf ist ein sehr starkes Gefühl. Das dazu führt, dass Menschen für die Qualität ihrer Arbeit kämpfen. Allerdings leben wir nicht in einer Zeit, in der Qualität als Erstes gefragt ist. Es geht um Profit, und wenn mit Quantität und minderer Qualität mehr Profit gemacht werden kann, dann ist es der Organisation ziemlich egal, ob der Installateur oder der Professor – oder wie in unserem Falle die Sekretärin – leidet. Menschen, die eine Leidenschaft für ihren Beruf empfinden, sollten in kleineren (und mithin jüngeren) Unternehmen arbeiten, wo Emotionen noch political correct sind. Diese kleineren Unternehmen werden von Konzernen für viel Geld damit beauftragt, Menschen mit Leidenschaft für ihren Beruf als Berater in ihre Firmen zu schicken, um konzernimmanente Defizite auszugleichen.

Wobei die unternehmensfremden, teuren Berater oft sehr schnell an ihre Grenzen stoßen. Denn meist lautet das Ergebnis ihrer Evaluierung von betriebsinternen Daten, dass im Unternehmen selbst eigentlich alles in Ordnung ist. Der Fisch stinkt im Allgemeinen vom Kopf, nicht vom Schwanz. Aber wie soll nun ein hochbezahlter, hochmotivierter, leidenschaftlicher Berater seinem Kunden sagen, dass man eigentlich ihn, den Chef, ersetzen müsste?

Sechstes Gebot:
Du sollst Mitarbeiterpotentiale erkennen und fördern

Ja, klar. Das kann man sich – bedingt – als selbstständiger Unternehmer leisten. Denn auch selbstständige Unternehmer ziehen sich mit Mitarbeitern natürlich zukünftige Konkurrenten heran (die man heute Mitbewerber nennt). Kein Jungmanager wird, wenn er noch alle Tassen im Schrank hat, irgendjemanden fördern, das kann man sich aufheben für später, viel später. Wer ganz oben auf der Karriereleiter steht, kann auch über eine Karriere als Mentor nachdenken. Aber auch nur, wenn man dann dazu Zeit hat. Natürlich wird man das Potential von Mitarbeitern, die nicht potentiell gefährlich werden können, potentiell fördern.

Nehmen wir also einmal an, der Chef stellt fest, dass Ihre PowerPoint-Präsentationsfolien die besten sind, die er je gesehen hat. Er stellt fest, dass Sie über diesen Folien die Zeit vergessen, freiwillig Überstunden machen und akribisch darauf achten, dass jedes Pünktchen an der richtigen Stelle sitzt. Würde der Chef jetzt also der Forderung nachkommen, Mitarbeiterpotentiale zu fördern, dann würde er dafür sorgen, dass Sie ein Seminar zu dem

Thema belegen könnten und eventuell an der elektronischen Mitarbeiterzeitung mitarbeiten oder gar in die Werbeabteilung versetzt werden.

Könnte der Chef, wird er aber nur in Ausnahmefällen tun. Denn die besten aller PowerPoint-Charts in der Firma zu haben, ist ein Karrierevorteil für ihn, deshalb wird er dafür sorgen, dass Sie exklusiv für ihn diesbezüglich tätig sind. Außerdem braucht er Sie noch für alles andere, er hat einfach keine Lust, mit einem Teil Ihrer Tätigkeit eine andere Person zu beauftragen, damit Sie sich selbst verwirklichen können. Wo kommen wir denn da hin? Deshalb greift das Robinson-Prinzip in unseren Firmen nur bedingt.

Sie kennen doch Robinson, den mit der einsamen Insel und seinem Kumpel Freitag. Robinson ist richtig gut im Fischefangen. Wenn er gut drauf ist, gehen die Schuppentiere ihm gleich schwarmweise ins Netz. Freitag ist, was das betrifft, eine glatte Niete. Nicht nur, dass der Kerl wasserscheu ist, er mag diese glatten, kalten Viecher einfach nicht anfassen, mehr als eine mickrige Makrele pro Tag ist bei ihm kaum drin. Dafür ist Freitag der absolute Crack im Kokosnüssesammeln. Wie ein Affe erklimmt er die Palmen, schüttelt sie mit markerschütterndem Schrei, und dann lässt er es Kokosnüsse regnen. Robinson auf der Palme kann man vergessen. *Mein Ischias...* Wenn er doch mal eine Kokosnuss runterholt, kann man drauf wetten, dass sie ihm auf den Kopf fällt. Wenn nun also jeder von den beiden sowohl Kokosnüsse als auch Fische an einem Tag besorgen muss, dann haben wir eine ziemlich ausgeglichene Handelsbilanz: fünfundzwanzig Fische und eine Kokosnuss für Robinson, fünfundzwanzig Kokosnüsse und einen Fisch für Freitag. Wenn nun aber jeder von den beiden das macht, was er am besten kann, dann ist Fettlebe angesagt: In einer Stunde hat Robinson fünfzig Fische und Freitag fünfzig Kokosnüsse.

Wenn Chefs also nach dem Robinson-Prinzip erkennen würden, was einzelne Mitarbeiter besonders gut machen und was sie nicht so gut können, weil es ihnen vielleicht keinen Spaß macht, dann wäre das zwar zunächst ein Arbeitsaufwand für den Chef, aber es würde nachhaltig die Arbeitseffektivität der Mitarbeiter steigern. Wenn da nicht das egoistische Interesse des Chefs wäre...

Siebtes Gebot:
Du sollst die Konflikt- und Kritikfähigkeit fördern

Was für eine Anforderung an den Chef! Denn Kritik und Konflikte versucht jeder Chef zu meiden wie der Teufel das Weihwasser. Nun kann man zwar in der Theorie argumentieren, dass eine Firma, in der niemand sich traut aufzumucken, nicht auf Dauer am Markt erfolgreich sein kann. Dennoch ist es erstaunlich, wie lange sich Unternehmen halten, in denen *das haben wir schon immer so gemacht* die ultimative Antwort ist.

Laut einer Studie des Time Management Instituts (TMI) wissen acht von zehn Mitarbeitern nicht, welche Ziele ihr Unternehmen verfolgt.

Überhaupt funktioniert die Kommunikation zwischen Mitarbeitern und Vorgesetzten in Deutschland schlecht, wie eine Umfrage der europäischen Jobbörse StepStone ergab. In nur 31 Prozent der deutschen Firmen setzen sich Führungskräfte und Mitarbeiter mindestens einmal im Jahr für ein Gespräch über Ziele und Leistung an einen Tisch. In mehr als der Hälfte aller Betriebe finden solche Treffen überhaupt nicht statt.

Achtes Gebot:
Du sollst Teams bilden und den Mitarbeitern zuhören

Das setzt voraus, dass Chef selbst ein Teamplayer ist, wenn auch als Primus inter Pares. Tatsache ist, dass Chefs heute eine solche Menge von Informationen bekommen, dass sie kaum noch zuhören können, sondern alles nur noch als Extrakt gefiltert bekommen wollen.

Teams funktionieren immer dann gut, wenn eindeutige Ziele und Visionen zur Hand sind, mit denen man die Teams motivieren kann. Fehlt diese Art der Motivation und Hinführung auf ein Ziel, egal ob vom Chef verschuldet oder nicht, werden Teams schnell kontraproduktiv. Und Chefs lernen ganz schnell, dass der alte Grundsatz *Teile und herrsche* bei fehlender Motivation ihr Überleben im Unternehmen und ihre Stellung als Teamchef garantiert. Alternativ sucht man sich einen Feind im Unternehmen, gegen den man mit dem gesamten Team einen Feldzug beginnt. Der Feind von außen eint das Team nach innen – um das zu wissen, muss Chef nicht Soziologie studiert haben.

Neuntes Gebot:
Du sollst laufendes Lernen fördern

Dieses Gebot ist die Zukunftssicherung und Einkommensgarantie für Managementtrainer. Sieht man sich die Wirklichkeit in Unternehmen an, so werden die wenigsten Mitarbeiter regelmäßig zu Weiterbildungsmaßnahmen geschickt. Denn diese müssten ja in der Arbeitszeit besucht werden, und somit würden die Arbeitskosten noch mehr steigen.

In vielen Unternehmen wird zwar ausgebildet (auch, weil Auszubildende ziemlich billige Arbeitskräfte sind), aber nicht weitergebildet. Es scheint einfacher zu sein, ältere Arbeitskräfte durch jüngere mit frischerem Wissen zu ersetzen. Es wird einfach ein aktueller Wissensstandard vorausgesetzt, und die Mitarbeiter müssen selbst sehen, dass ihr Wissen immer state of the art ist. Oder anders gefragt: Wann haben Sie Ihr letztes Seminar besucht? Richtig: Sie durften sich jede technische Neuerung selbst beibringen, denn die Erklärungen des Haustechnikers bzw. des IT-Fachmanns waren in etwa so verständlich wie die Gebrauchsanweisung eines koreanischen Videorecorders.

Zehntes Gebot:
Du sollst Akzeptanz und Anerkennung vermitteln

Gebot Nummer 10 ist das wichtigste, und obwohl es das einfachste zu sein scheint und unabhängig von der Unternehmensgröße und dem Unternehmensalter in wirklich jeder Unit umgesetzt werden kann, ist es genau das, was den meisten Mitarbeitern fehlt.

Die Zufriedenheit von Mitarbeitern mit ihrem Job hängt im Allgemeinen von der Wertschätzung durch ihre Chefs ab. Auf diese einfache Formel könnte man die Ergebnisse unzähliger Studien über das Verhältnis zwischen Mitarbeitern und Führungskräften bringen. Besonders unzufrieden sind Mitarbeiter, wenn ihre Aufgaben nicht genau beschrieben und abgegrenzt sind, ihre Arbeit ihnen keine Möglichkeit gibt, sich über einen Erfolg zu freuen, und sie nicht nach eigenen Vorstellungen arbeiten können bzw. oft unterbrochen werden. Laut einer Markon-Führungskräftestudie sind 57 Prozent der Mitarbeiter mit ihrem Chef nicht zufrieden, weil er ihre Leistungen nicht lobend anerkennt. Besonders unglücklich sind danach Mitarbeiter, wenn sie nicht nach ihrer Meinung gefragt werden und nicht selbstständig arbeiten können. 63 Prozent meinen gar, dass sie ihr Wissen und Können in ihrer Arbeit nicht einsetzen können.

Liest sich doch wie die Stellenbeschreibung einer Sekretärin, oder?

Viele Menschen erwarten, dass ihre Chefs so etwas wie eine höhere moralische Instanz sind und sich demzufolge auch moralischer, besser, prinzipientreuer als jeder andere normale Mensch verhalten. Wer mit diesen Ansprüchen an einen Chef herangeht, wird zwangsläufig enttäuscht werden. Auch Chefs sind nur Menschen, und ziemlich beschäftigte dazu. Sie sind genauso kleinkariert, verklemmt, verbissen, egoistisch, krümelkackerisch, neidisch wie jeder andere Mensch auch.

11. Der natürliche Feind

Der Chef ist der natürliche Feind des Mitarbeiters.

99,9 Prozent aller arbeitenden Menschen haben einen Chef. Selbst der Vorstandsvorsitzende hat einen Aufsichtsrat, der ihn kontrolliert, der Finanzvorstand hat einen Vorstandsvorsitzenden, der Geschäftsführer hat einen Gesellschafter, der Abteilungsleiter hat einen Geschäftsführer, und selbst so scheinbar völlig unabhängige Menschen in freien Berufen wie Steuerberater, Anwälte oder selbstständige Handwerker haben jemanden, der über ihre Zeit und ihre Arbeit bestimmen kann: Kunden, Klienten, Patienten. Und wenn davon nicht genügend vorhanden sind, dann ist der Chef nicht mehr lange Chef.

Wir sehen also, auch unser Chef schwebt nicht im luftleeren Raum, er ist nur ein wenig höher in der Nahrungskette angesiedelt als wir selbst. Somit ist jeder Chef auch Mitarbeiter. Und damit fängt die Schizophrenie an. Denn eigentlich müsste fast jeder Chef aus eigener Erfahrung wissen, wie es sich anfühlt, Mitarbeiter zu sein. Eigentlich müsste fast jeder Chef wissen, was Mitarbeiter an ihren Chefs hassen. Eigentlich müsste fast jeder Chef merken, wenn er Mitarbeiter quält. Eigentlich.

Uneigentlich ist es zwischen Chefs und Mitarbeitern wie zwischen Männern und Frauen. Sie können sich einfach nicht verstehen. Der kleine Unterschied beginnt, wenn Mensch A über Mensch B urteilen darf. Es liegt offensichtlich in der Natur des Menschen, dass er jeden, der über ihn urteilen darf, fürchtet.

Die Angst vor dem Urteil

Die Angst, jemand könnte uns bzw. unsere Leistung nicht absolut toll finden, sitzt spätestens seit der ersten Klasse Volksschule tief. Und genauso, wie wir oft Angst vor unseren Lehrern hatten und einige davon sogar gehasst haben, weil sie unter eine Klassenarbeit eine Note schrieben, so empfinden viele von uns die gleiche Angst vor ihren Chefs, weil sie direkt oder indirekt ihre Unterschrift unter unsere Gehaltsüberweisung setzen.

Im Übrigen sei angemerkt, dass diese Angst vor der Beurteilung auf Gegenseitigkeit beruht, sie scheint eine zutiefst menschliche Regung zu sein. Auch Chefs haben Ressentiments gegenüber Mitarbeitern. Da ist die Geschichte von dem Chef, der seinen Personalchef anwies, einen Mitarbeiter im Unternehmen zu suchen, der als Nachfolger für ihn in Frage käme. *Und wenn Sie ihn gefunden haben, dann schmeißen Sie ihn raus!* Nicht selten haben Chefs Angst vor guten Mitarbeitern, weil diese sie vielleicht irgendwann ersetzen könnten. Viele junge, begabte Mitarbeiter werden aus diesem Grund nicht gefördert, sitzt die Angst doch viel zu tief, dass die junge Begabung irgendwann den eigenen Job für die Hälfte des Gehaltes erledigen könnte.

Auf der anderen Seite können Chefs natürlich auch keine schlechten Mitarbeiter brauchen, weil sie nicht das Ergebnis bringen, das der Chef zur Erreichung seines nächsten Karriereziels benötigt. Das Chef-/Mitarbeiterverhältnis ist also ganz und gar keine Einbahnstraße.

Sag beim Abschied leise Servus

Der direkte Chef ist für jeden von uns neben dem Partner und der Familie der wichtigste Mensch in unserem Leben. Ist unser Verhältnis zu unserem Chef gestört, so leiden wir darunter genauso wie in einer unglücklichen Ehe. Gestörte Chefbeziehungen können uns krank machen. Aber was ist eine gestörte Chefbeziehung? Ganz einfach: Wenn es mit dem Respekt nicht mehr stimmt. Wenn wir über unseren Chef nur noch weinen und nicht mehr lachen können. Wenn er uns nicht das Gefühl gibt, dass unsere Arbeit für ihn gut und wichtig ist.

Oft kann man noch reden, versuchen, das Verhältnis zu verbessern. Aber es gibt natürlich auch Fälle, in denen uns nur noch die Flucht bleibt.

Mobby Dick – Denn sie können nicht miteinander

Im Idealfall haben sich Chef und Sekretärin gesucht und gefunden. Leider ist dieser Idealfall nicht die Regel. Unzählige Sekretärinnen müssen für jemanden arbeiten, den sie sich nie als Chef ausgesucht hätten. Da ist die Sekretärin in einer Behörde, die bei Bedarf hin- und hergeschoben werden kann, da ist die Sekretärin, die zwanzig Jahre lang dem alten Geschäftsführer gedient hat und die nach seiner Pensionierung mit seinem Nachfolger zurechtkommen muss. Da ist die Sekretärin, die sich prima mit ihrem Chef verstanden hat, bis dieser die Niederlassung in Windhuk übernommen hat. Nun ist sie seinem Nachfolger zugeteilt, der eigentlich gern seine Sekretärin behalten hätte. Diese Situation ist nicht einfach – nicht nur für die Sekretärin, sondern auch für den Chef.

In keinem anderen Beruf sind Menschen so sehr von ihrem Chef abhängig, denn es geht darum, diesen Chef zu managen. Aber wie soll man jemanden managen, den man einfach nicht leiden kann? Gar nicht, ehrlich. Wenn die Chemie nicht stimmt, dann hilft es nichts: Bitten Sie um Ihre Versetzung oder sehen Sie zu, dass Sie woanders einen guten Job finden. Ein billiger Rat? Es gibt keinen besseren, denn über Chemie kann man nicht diskutieren. Ich höre Sie stöhnen: Bin ich denn verrückt und schreibe alle meine Privilegien, die ich mir in den letzten zwanzig Jahren erworben habe, einfach so in den Wind? Nun, die Alternative ist krank werden. Wollen Sie das wirklich?

Wer glaubt, sich auf einen Machtkampf mit dem ungeliebten Chef einlassen zu können, wird mit Sicherheit den Kürzeren ziehen. Der Chef ist einfach in der besseren Ausgangsposition. Je stärker er das Gefühl hat, dass ein Feind in seinem Vorzimmer sitzt, desto stärker wird er mobben. Und zwar so, dass es richtig wehtut.

Denn wir sind ihm absolut ungeschützt ausgeliefert. Wie kann man einem Chef nachweisen, dass es Mobbing ist, wenn er an allem, was wir tun, etwas auszusetzen findet? Nichts leichter für einen Chef, als einer langgedienten Sekretärin täglich zwischen jeder Zeile zu verstehen zu geben, dass sie zu alt, zu altmodisch, zu langsam, zu laut, zu dumm, zu schusselig ist. Nachdem man sich einer solchen Bestäubung ein paar Wochen ausgesetzt hat, kann man drauf warten, Fehler über Fehler zu machen.

Aber nicht immer muss ein Zwangschef auch gleich zur Zwangsjacke werden. Es kann durchaus vorkommen, dass man sich aneinander gewöhnt, dass man sich gegenseitig überzeugt.

Dazu kann man viel selbst tun. Denn natürlich will der Neue nicht das Gefühl haben, ständig mit dem Alten verglichen zu werden. Sätze wie *Herr XY wünschte das so*, möglichst noch in zickigem Ton vorgetragen, sind Beziehungsgift. Wer klar und deutlich macht, dass man nun einem neuen Herrn dient und bereit ist, sich seinen Wünschen kommentarlos zu beugen, darf schon mal ein dickes Plus aufs imaginäre Beurteilungs-Konto verbuchen. Allerdings werden Lippenbekenntnisse da schneller entlarvt als der Täter in einer Krimi-Doku. Niemand kann sich täglich verstellen, und schon eine ein Viertelmillimeter hochgezogene Augenbraue oder tiefes Durchatmen an der falschen Stelle verrät Chef, dass sich da gerade jemand fürchterlich auf die Zunge beißt.

Natürlich gibt es auch geniale Neuchefs. Das sind die, die die seit zwanzig Jahren treue Sekretärin des Vorgängers ständig fragen: *Wie hat XY das eigentlich gemacht?*, und somit ihr Herrschaftswissen optimal nutzen.

> **Sich niemals auf einen Machtkampf mit dem Chef einlassen.** Wenn die Chemie nicht stimmt, dann lieber ein Ende mit Schrecken als ein Schrecken ohne Ende.

Wenn der Pleitegeier kreist

Die Stille im Vorzimmer dröhnt in den Ohren. Die Telefone schweigen, kein Besucher kündigt sich an, und der Chef geht immer häufiger früh nach Hause. Das ist der Moment, den eine schlaue Sekretärin nutzen sollte, sich ganz schnell einen neuen Job zu suchen. Denn bald werden die Telefone ganz und gar nicht mehr schweigen, der Gerichtsvollzieher die Tür einlaufen, und der Chef wird sich überhaupt nicht mehr blicken lassen. Als Sekretärin in einem Betrieb, der in die wirtschaftliche Krise geraten ist, hat man die Niete gezogen. Natürlich verbreitet er allseits Hoffnung, dass das mit dem großen Auftrag von Heise klappt, aber wie wir wissen, ist die Hoffnung der Tod des Kaufmanns.

Da er natürlich viel zu feige ist, seinen Lieferanten, Mitarbeitern, Partnern und Banken die Wahrheit zu sagen, geht Chef auf Tauchstation und überlässt das Beschwichtigen und Hoffnungverbreiten der Sekretärin. Und da Sekretärinnen ein werkseitig eingebautes Loyalitätsgefühl haben, verbreiten wir nicht nur Hoffnung, sondern machen uns manchmal sogar strafbar. Kein Betrieb dieser Welt meldet rechtzeitig Insolvenz an. Da wird zu guter Letzt immer noch geschoben, vertröstet und gelogen.

Im Zweifelsfall bleibt die treusorgende Sekretärin dafür auf ihren 97 nicht genommenen Urlaubstagen sitzen und darf drei Monate ohne Gehalt auskommen, bis das Arbeitsamt ihre Not lindern wird.

Wenn sie ihn auf ihre Miete hinweist, zuckt er – inzwischen selbst in der Bredouille – die Schultern und sagt, dass sie das Geld, das sie verdienen möchte, halt verdienen muss. Wenn überhaupt noch Geld in der Kriegskasse ist, wird er ihre Sozialabgaben und die Lohnsteuer bezahlen, denn dafür haftet der Geschäftsführer persönlich. Wovon wir essen, ist ihm herzlich egal.

Spätestens wenn der Chef sich bei einem finanziellen Engpass ausklinkt und auf Tauchstation geht, sollte man die aufgelaufenen Urlaubstage nehmen. Bloß nicht selbst kündigen, sonst gibt es eine Sperre beim Bezug von Arbeitslosengeld.

Eine Widmung

Oh ja, es gibt sie auch, die seltenen Sonderexemplare, die wunderbaren Chefs und Chefinnen, für die wir so gern arbeiten.

Solche, die mit rührender Hilflosigkeit um Hilfe bitten und sich nicht dafür schämen. Solche, die höflich und frühzeitig anfragen, ob eine Überstunde wohl genehm sei, und die sich nach getaner Arbeit für die Mitwirkung bedanken und bei denen man spürt, dass das kein Lippenbekenntnis ist. Solche, die uns ab und zu mal mit einem Blumenstrauß überraschen, auch wenn sie sich nicht merken können, dass man gegen Mimosen allergisch ist. Solche, die uns dann und wann mit Pralinen füttern und die wir dafür nicht minder hassen, weil wir ihnen nicht widerstehen können, obwohl wir gerade auf Diät sind.

Es gibt gute Chefs, und das sind solche, auf die wir richtig stolz sind. Weil sie nicht abtauchen, wenn es brenzlig wird. Weil sie in der Lage sind, Entscheidungen zu treffen. Weil sie nicht nur die Ärmel hochkrempeln, sondern den Markt aufrollen. Weil sie sich schützend vor ihre Mannschaft stellen und nur die Arbeit, aber nicht ihre Fehler delegieren. Weil sie offen sind für Verbesserungsvorschläge. Weil sie brillante Strategen sind. Weil sie auch mal zuhören können. Weil sie nicht nur die Verantwortung tragen, sondern sie auch übernehmen. Dafür verzeihen wir ihnen ihre Macken, die jeder, aber wirklich jeder Chef hat.

Das mit den Macken ist nämlich so eine Sache. Wir Sekretärinnen sehen die Macken unserer Chefs natürlich mit der Leselupe. Weil wir so nah dran sind. Aber wo wären wir, wenn unsere Chefs eben diese Macken nicht hätten?

Wir sind nämlich nicht die Herrinnen der Schreibtische, die Managerinnen der Aktenordner, die Chefinnen der Excel-Listen, die Königinnen der Kaffeeautomaten.

Oh nein, wir sind die Hüterinnen der Chef-Spleens, die Pflegerinnen ihrer Neurosen, die Wärterinnen ihres Distanzbedürfnisses, die Agentinnen Ihrer Majestät, die Dompteusen in ihrer Manege, die Königinnen in ihrem Reich.

Weil Chefs so ticken, wie sie nun mal ticken, fühlen wir jeden Tag, auch ohne dass sie es uns sagen, dass unsere Chefs ohne uns einfach aufgeschmissen wären.

Die Jungs und Mädels spinnen:

Die brauchen uns!

Wirklich.

Register

Überleben im Job!

Margit Schönberger
**Mein Chef ist
ein Arschloch,
Ihrer auch?**
Ein Überlebenstraining

Mosaik bei GOLDMANN

Mit großem Cheftest

16649

Mosaik bei
GOLDMANN

Überleben im Job!

39095